种菜新亮点丛书

U0256243

# 水生蔬菜生产257

## 直问直答

李　挺　郑寨生　金昌林　主编

中国农业出版社

**图书在版编目（CIP）数据**

水生蔬菜生产257直问直答/李挺，郑寨生，金昌林主编．—北京：中国农业出版社，2015.7
（种菜新亮点丛书）
ISBN 978-7-109-20636-6

Ⅰ.①水⋯　Ⅱ.①李⋯ ②郑⋯ ③金⋯　Ⅲ.①水生蔬菜－蔬菜园艺－问题解答　Ⅳ.①S645-44

中国版本图书馆CIP数据核字（2015）第155957号

中国农业出版社出版
（北京市朝阳区麦子店街18号楼）
（邮政编码100125）
责任编辑　徐建华

北京中兴印刷有限公司印刷　新华书店北京发行所发行
2015年9月第1版　2015年9月北京第1次印刷

开本：850mm×1168mm 1/32　印张：7.125
字数：185千字
定价：25.00元
（凡本版图书出现印刷、装订错误，请向出版社发行部调换）

# 《水生蔬菜生产257直问直答》
# 编写人员

主　　编　　李　挺　郑寨生　金昌林

副 主 编　　王凌云　庞英华　周　杨　陈钦宏

编写人员　（以姓名笔画为序）

王来亮　王凌云　卢淑芳　吕文君

李　挺　李怡鹏　沈学根　张　雷

张尚法　陈钦宏　陈能阜　陈淑玲

金昌林　周　杨　周小军　周锦连

庞英华　郑寨生　姚岳良　项小敏

袁名安　黄锡志　潘远勇

# 前言

　　水生蔬菜是指在淡水中生长的、其产品可供作蔬菜食用的维管束植物。它是我国独具特色的水生经济作物，主要包括茭白、莲藕、菱、荸荠、莼菜、芡实、慈姑、蒲菜、豆瓣菜、水芹和蕹菜，共计11种，多利用低洼水田和浅水湖荡、河湾、池塘等淡水水面栽培，也可实施圩田灌水栽培。水生蔬菜全国人工种植面积在1 000万亩（亩为非法定计量单位，1亩≈667 米²，全书同）以上，占全国蔬菜总面积的4%。我国大部分地区都有种植，长江流域及以南地区，水资源相对丰富，许多地方适宜种植水生蔬菜。

　　为适应市场经济发展而开展的种植业结构调整中，许多地方根据自身特点和国内外市场动向，发展市场容量较大的水生蔬菜作物。为使水生蔬菜种植技术通俗易懂、简化明了，我们组织了水生蔬菜主产区的科技人员编写了《水生蔬菜生产257直问直答》一书，以供广大农业科技工作者及农民朋友参考应用。在本书的许多问答题后面附有小贴士，用于拓展相关知识，便于对照学习。

本书的出版，得到了浙江省农业技术推广中心、金华市农业科学院的大力支持，在此表示感谢。由于时间仓促和我们知识水平有限，难免出现错误和不足之处，敬请专家和广大读者批评指正。

作　者

2014 年 8 月

# 目 录

# 茭白篇

## 1. 茭白起源于何时？主要分布在哪些地方？

茭白属禾本科菰属多年生水生宿根草本植物，原产我国东南部，在中国的栽培起源很早，其利用和栽培历史可以分为早期菰米的采集利用和以后出现其花茎膨大的茭白作为蔬菜栽培的两个不同阶段。约在公元前 3 世纪的周代，人们就取其颖果做饭，所以也叫菰米、茭米，并将菰与稻、黍、稷、麦、粱并称为六谷。到了唐代以后，由于食用黑粉菌的寄生，茭白不能再抽穗开花，在菰分蘖后的新苗花茎中形成的畸形肥大肉质茎（即当前我们食用的茭白），逐渐被作为蔬菜来栽培利用。《本草纲目》记载"春日生白茅如笋，即菰菜也"。

茭白主要分布在东南亚地区，在我国栽培范围很广，南至广东、台湾、海南，北到黑龙江。以长江流域及以南的沼泽和水田地区栽培为主，北方仅有零星种植，且因无霜期短，只能种植单季茭白。目前中国茭白栽培以江、浙、沪三省（市）最为集中。

## 2. 茭白有什么营养价值？

茭白的食用部分为肥大的肉质茎。每 100 克茭白中含蛋白质 1.0～1.6 克，脂肪 0.3 克，碳水化合物 1.8～5.7 克，粗纤维

0.7～1.1克以及多种维生素和矿物质等，所含的氨基酸种类有10多种。茭白在老熟前，部分有机氮以氨基酸状态存在，故滋味鲜美，与鲈鱼、莼菜并称为"江南三大名菜"。茭白味甘、性凉、滑、无毒。在《本草拾遗》中记载有"去烦热、止渴、解目黄、利大小便、止热痢、消酒毒"等功效。

### 3. 茭白植株有哪些形态特征？

茭白的根为须根系，主要功能是吸收水分、养分和固定植株。由于根系分布范围广，要求土壤耕作层深厚，土质肥沃，保水保肥能力强，黏壤土或壤土比较适宜。

茭白的茎分地上茎和地下茎两部分，其作用是输送水分、养分、空气。地上茎通常由叶鞘包裹，呈短缩状，部分埋入土中，其节上产生分蘖，每一个分蘖能形成各自的短缩茎，呈丛生状态。茭肉以下的地上茎称薹管。地下茎是从主茎及分蘖苗接近基部各节的腋芽形成的变态茎，呈匍匐状，其节位短缩、粗硬，每个节位都能发根，节上有一个腋芽，1片苞片状退化叶。

茭白的分蘖芽分为密蘖型分蘖芽和根状茎分蘖芽两种。密蘖型分蘖芽产生于基本苗的叶腋间。一般具有4叶龄以上的基本苗，条件适宜时就能产生分蘖芽，称为一次分蘖芽，多数为有效分蘖。一次分蘖苗本身具有4叶龄以后，外界条件适宜，在它的叶腋间又能产生新的分蘖芽，称为二次分蘖芽。一般每株基本苗能产生3～4个有效分蘖芽。茭肉主要由基本苗和早期分蘖苗产生。由基本苗及分蘖密集丛生组成的株丛，通称茭墩。根状茎分蘖芽发生于地下茎上，一部分产生于移栽当年的秋季，另一部分产生于翌年的春季。双季茭夏茭的茭肉一部分由上年茭墩上密蘖型植株产生，另一部分由根状茎分蘖产生。正常茭的根状茎分布在离密蘖型分蘖50～70厘米的范围内，而雄茭的根状茎分布在离密蘖型分蘖60～120厘米的范围之间。这也是区别正常茭植株和雄茭植株的标志之一。

茭白的叶由叶鞘和叶片组成，其主要作用是进行光合作用。叶鞘肥厚，着生于茎节上，是连接茎和叶片的器官。叶片呈长坡针形，正中间有一条纵贯全叶的中脉，中脉两侧各有两组细脉。叶鞘与叶片连接处有近三角形的小叶枕，茭农称之为"茭白眼"，此处组织较嫩，病菌容易侵入，灌水深度不能超过该部位。茭白总叶片数为19～26片，一般每株通常保持绿叶数4～8片。

茭白的茎在生长过程中如果没有黑粉菌的侵入，则该茎的茎尖就不能膨大，就会正常地拔节伸长，有时到了秋季，还可能抽生花茎并抽穗、开花、结子，这种情况发生率很低。开花的茭株就不能结茭，因此能开花的茭株在栽培过程中应予以淘汰。

## 4. 茭白生长发育期如何划分？

茭白的生长发育可分为萌芽期、抽叶与生根期、分蘖与分株期、孕茭期、休眠期。

（1）萌芽期　寄植在茭秧田中的茭种或留在茭田里的老茭墩，在整个冬季处于休眠状态，当气温上升到5℃以上（一般时间为2月中下旬至3月中下旬）时，留存在母株地上茎上的休眠芽和地下茎先端的休眠芽开始萌动。为使萌芽早而齐整，冬季茭田要保持湿润，在萌芽期保持3～4厘米的浅水层。茭白萌芽的适宜温度为15～25℃，30℃以上时萌芽就停止。

（2）抽叶与生根期　茭白萌芽后开始抽生新叶。气温在5～10℃时新叶抽生速度缓慢，一般15天左右1张新叶，叶色呈黄绿色。气温15～20℃时，7天左右一张新叶，叶色呈绿色。7月中旬进入夏季高温季节，旬平均气温超过28℃，不利于茭白植株的生长，叶片抽生速度有所下降。8月下旬至9月份进入孕茭期，叶片抽生速度进一步下降。生长初期抽生的叶片较窄，以后逐渐变宽，直至孕茭期又转为较窄。春季植株一般先萌芽后发根。发根的起点温度是 5℃，具有 4 叶龄以上的单株才能发根，发根节位比出叶的节位低 3 个节位。发根的适宜温度为 15～25℃，30℃以上根就容易老化而降低活性。

（3）**分蘖与分株期**　茭白分蘖节位要比抽叶节位低 3 个节位。具有 4 叶龄以上的基本苗才能在基部的叶腋间产生新的分蘖。当一个分蘖具有 4 叶龄时，又能抽生新的独立根系，形成新的分株。

（4）**孕茭期**　当茭白的植株生长到一定程度，内部积累一定的养分，气候条件适宜时，开始进入孕茭期。孕茭期是茭白肉质茎充分膨大的过程，此时需大量的营养物质和水分。温度是影响茭白孕茭的最主要因素。双季茭一年有两次孕茭期，单季茭只有一次。

（5）**休眠期**　当冬季来临，气温下降，茭白的地上部开始枯死，以老茭墩留在土中过冬，进入休眠状态。待来年气温上升，老茭墩再次萌动发芽，开始新的生长周期。

## 5. 茭白是如何"孕茭"的？

我们食用的茭白实际上就是花茎的变态茎。花茎往往受黑粉菌的侵入和寄生。当茭白地上茎长到 10 节以上时，如果养分积累充足，光温等外界条件适宜，寄生的黑粉菌就会大量繁殖，刺激茎端分泌吲哚乙酸等生长激素，生长激素促使茎尖数节畸形发展，膨大充实，花序不再发育而形成肥大的肉质茎，这就是供食用的茭白产品。茭白通常由 5 节组成，其中以中部二、三节最肥嫩，近基部的一节表皮较坚韧，品质较差。

## 6. 孕茭植株有哪些主要特点？

茭白植株开始孕茭时，茎基部老叶逐渐枯黄，叶色转淡，叶鞘抱合而成的假茎开始发扁，俗称扁秆。扁秆后 3～5 天，下部就开始膨大，叶鞘上端茭白眼处紧束，出叶长度依次递减，倒一叶明显短缩，且不能完全展开，随后由于茭白肉质茎的膨大，把假茎叶鞘挤开，微露茭肉，称为露白，此为采收适期。

## 7. 温度对茭白生长发育有什么影响？

茭白在休眠期能耐－5℃的低温，萌芽温度5～7℃，分蘖适温20～30℃，孕茭适温18～25℃，一般低于10℃或高于32℃则不能正常孕茭。昼夜温差大，利于肉质茎的营养积累。

对单季茭而言，其孕茭除需短日照外，温度决定不同品种的熟性。就双季茭而言，对日照不敏感，温度为其孕茭的决定因素，由高温地区向低温地区引种时，提早孕茭，如南种北引；低海拔地区向高海拔地区引种，也会提早孕茭。同一品种在夏、秋两季的孕茭期的温度是一致的，一般而言，夏茭早熟，则秋茭迟熟，而秋茭早熟的，则夏茭迟熟。

茭白孕茭对温度的反应是相当稳定，与生育期的积温无关。不同大小的茭白植株，在适宜的温度和光照下都可孕茭，但要形成有一定大小具商品价值的肉质茎必须使植株达到一定大小。多数品种植株通常要达到10片叶以上，形成的肉质茎才会在50克以上。

## 8. 茭白的产量构成因子有哪些？如何优化这些因子？

茭白的产量构成因子主要由单位面积栽植的株数、平均单株有效分蘖数（成茭数）和茭荚平均单荚重三者构成。在这三者产量构成因素中，单位面积栽植株数因受品种、环境和栽培条件的制约，一般变化不大，因此，要获得高产，只有从增加单株有效分蘖数和单荚重入手。单株有效分蘖数与单荚重互为制约，有效分蘖数多了，则株间拥挤，通风透光性变差，必然影响叶片光合效率，降低单荚重，反之，分蘖数少了，则可增加单荚重，故寻求两者之间适当的结合点很重要。除栽植的基本苗外，只有早期的分蘖才可以成为有效分蘖，在栽培管理上应尽力促进早期分蘖的成长，抑制后期无效分蘖的发生，以减少植株养分的损耗，提高分蘖的有效率，提高产量。同时稳定和协调寄主与寄生菌之间的关系，选用二者关系相对稳定的植株作种苗，并在整个栽培过程中保持相对稳定的生态环境，防止时旱时涝，忽冷忽热，施用氮、磷、钾肥比例失调和病虫害滋生等破坏稳定和协调情况发生，以减少"雄茭"和"灰茭"的发生。

### 浙江省黄岩区双季茭夏茭产量构成

　　浙江黄岩蔬菜办公室以当地主栽的夏茭为主型的双季茭品种'黄岩双季茭白'为基础，经过多年的试验摸索，总结了一套夏茭单季亩产超 3 000 千克的成功经验。其夏茭产量构成为：每亩栽植 2 200 丛，亩有效苗数为 2.6 万～2.8 万株，单丛有效成茭数为 12～14 茭，平均单茭重 100 克。

### 9. 菰黑粉菌是一种什么菌？在茭白生长中有何作用？

　　菰黑粉菌也叫茭白黑粉菌、菰菌，属于担子菌纲黑粉菌目黑粉菌科黑粉菌属的一种真菌。菰黑粉菌冬孢子没有休眠期，孢子成熟后在适宜的环境中即可萌发，萌发的最适 pH 值为 6，最适温度为 25℃，不需要外界光的诱导，在黑暗条件下也能正常萌发。菰黑粉菌菌丝体为多年生，存在于茭白植株的根状茎等部位，与茭白植株的关系及其在茭白肉质茎内的状态对茭白品质起着决定性的作用，只有受到菰黑粉菌浸染的茭白植株才能形成茭白，以黑粉孢子堆少或没有黑粉孢子堆的茭白品种为优。

## 10. 什么叫"雄茭"? 什么叫"灰茭"?

孕茭是由寄主与寄生在其体内的黑粉菌共同作用的结果。在正常情况下，黑粉菌以菌丝体形式大量繁殖，分泌激素刺激寄主花茎先端膨大成肥嫩的肉质茎，即食用的茭白。茭白植株体内的黑粉菌在秋末冬初形成厚垣孢子，当寄主组织腐烂后，厚垣孢子散布于水中，次年发芽后产生小孢子，萌发后侵入嫩茎，组成新的共生关系。由于黑粉菌侵入的时间、数量、生长速度及茭白植株的生长势、田间管理水平的差异，使茭白植株性状发生变化，茭白与黑粉菌之间的共生平衡被打破，从而产生雄茭和秋茭。

雄茭，也叫强茭，是在茭白分蘖期母茎中黑粉菌菌丝未能同步侵入新生分蘖芽，茭茎不会膨大形成茭白，到夏秋花茎伸长抽薹开花，甚至结实的植株。

灰茭是黑粉菌的菌丝潜育期比正常茭短，在膨大的肉质茎内就过早地产生了不同程度的厚垣孢子堆的植株。灰茭有两种类型，一种是产生的厚垣孢子堆较少，在茭肉横切面出现多个小黑点，但尚能食用，称为弱灰茭或芝麻茭，这种情况在单季茭出现较多；另一种是整个茭肉充满厚垣孢子堆，形成一包黑灰，失去食用价值，称为全灰茭或黑灰茭。灰茭在孕茭的早期就已形成，并非正常茭白晚采收或不采收而引起的。

## 11. 如何区别灰茭、雄茭和正常茭?

**雄茭** 植株高大，长势旺盛；地下茎发达，一般可延伸到100厘米以上；叶色浓绿，叶片较宽，达3.5～4厘米，直立性强，先端下垂，叶二间脉之间的细脉最大值为11条；假茎始终近圆形，不膨大，花茎中空，薹管较长，一般拔长的薹管有3～5节。

生长势特别强，分蘖特别多。秋茭中单墩分蘖可达 30 个以上。

**灰茭**　植株略高，介于雄茭与正常茭之间；地下茎较发达，长达 60～100 厘米；叶片较宽，叶色较深，二间脉间的细脉最大值为 10 条，叶鞘发黄，始终不开裂，在孕茭膨大初期切开茭肉，即可见到黑色厚垣孢子。

**正常茭**　植株生长正常，一般秋茭植株高 200 厘米左右；地下茎不发达，植株 50～70 厘米高的一般没有地下茎；叶片上部自然下垂，叶色较淡，二间脉之间的细脉最多 9 条，最后一叶短缩，孕茭时假茎发扁。长势中等偏弱，分蘖稀疏。

雄　茭　　　　　　　　　灰　茭

## 12. 在栽培中如何减少"雄茭"与"灰茭"？

用雄茭和灰茭植株繁殖的后代一般仍为雄茭和灰茭，严格选种是减少雄茭和灰茭的重要措施。江、浙一带的茭农，在夏茭采收过程中淘汰雄茭，在秋茭采收过程中淘汰灰茭，年年选种，并进行分墩和分株复壮，以保持种性优良。减少雄茭和灰茭的产生，除严格选种外，还可在冬春季割老墩、压茭墩，使分蘖节位降低；在老墩萌芽初期，疏除过密的分蘖，使养分集中，萌芽整齐；在分蘖前期灌浅水，大量施肥，猛促分蘖生长；高温期控制追肥，防止植株徒长，并灌深水以抑制后期无效分蘖；夏秋期间除黄叶，改善秋茭株间环境，保证茭白正常生长。

## 13. 茭白的品种类型有哪些？

茭白在中国栽培历史悠久，各地引种和分布广泛，且因茭株本身和寄生的黑粉菌任何一方的变异，都可引起种性改变，故其变异类型较多，通过选择形成的地方品种也较多，品种资源非常丰富。茭白的类型按孕茭季节可分为一熟茭（单季茭）和两熟茭（双季茭）；按孕茭对温度的要求分为高温孕茭（较耐高温）型和低温孕茭（不耐高温）型；按肉质茎形态可分为蜡台型、梭子型等。

长江流域茭白一般都根据其孕茭季节和成熟期的不同，分为单季茭和双季茭两种类型，每一类型又有很多地方品种。

## 14. 单季茭有什么特点？主要品种有哪些？

单季茭又称一熟茭、八月茭等，为短日性植物。一般春季栽植，当年秋天收获，以后每年 9 月采收。对水肥条件要求不高。一般当年亩产在 1 000～1 500 千克，以后产量逐年有所下降。因此，水田栽培 1～2 年后，需换田重栽。

'象牙茭'　杭州市郊农家品种，原产余杭一带。表现为中熟，从定植到初收 160 天。植株直立，株高 1.5～2 米。叶披针形，长 175 厘米，宽 4 厘米，叶鞘长 60 厘米以上，薹管长 20 厘米。生长势强，密蘖型分蘖力弱。肉质茎长仿锤形，长 20～25 厘米，横径 4.0～4.5 厘米，色洁白，长而稍弯，形如象牙，故名"象牙茭"。肉茭单重 120 克，肉质致密，品质优。

'美人茭'　浙江缙云县农业局从当地农家品种中系统选育而成。表现为早熟，从定植至初收 100～120 天。植株直立，分蘖中等。株高 1.8～2.2 米。叶鞘长 50～60 厘米，叶片长 120～

150 厘米，宽 3～4 厘米，绿色。肉质茎似竹笋，长 25～35 厘米，横径 3～5 厘米，横切面椭圆形或圆形，表皮白色，外形美观，质地细嫩，肉茭单重 100～120 克，品质好。适宜于 500 米以上的中高山区种植。

'栖茎茭白' 浙江嘉兴市新篁镇政府从嘉兴市郊区新篁镇一带地方品种中系统选育而成。表现为全生育期 170～180 天，嘉兴地区 8 月下旬至 9 月上旬成熟。植株高度 2 米左右，株型粗壮，叶片清秀，分蘖力强。对温度较为敏感，秋季气温低，结茭提早；晴热干旱，结茭明显推迟，同时会出现畸形茭，抗病性强。

'金茭 1 号' 浙江金华市农科院和浙江磐安县农业局从磐安地方茭白品种'磐茭 98'优良变异单株中经系统选育而成的单季茭白新品种。该品种长势中等，株形紧凑，株高 2.4～2.6 米。每墩有效分蘖 3.4～5.2 个，最大叶长 175～196 厘米，叶宽 4.1～4.6 厘米，叶鞘浅绿色覆浅紫色条纹。茭肉长 20.2～22.8 厘米，宽 3.1～3.8 厘米，呈长条形，表皮光滑，肉质白嫩，肉茭单重 97 克。早熟，品质优，适宜高山栽培。

'金茭 2 号' 浙江金华市农科院、浙江大学蔬菜所等单位从金华地方品种'水珍 1 号'优良变异单株中经系统选育而成的单季茭新品种。该品种能够在较高温度（25℃以上）条件下孕茭，长势中等，植株高 2.1～2.3 米，叶色较淡，叶鞘浅绿色，叶鞘长 52～55 厘米，最大叶长 162～170 厘米，最大叶宽 3.6～3.9 厘米。分蘖力较强，生长期内每墩有效分蘖 11.8～14.1 个。茭肉长 15.9～17.8 厘米，粗 3.8～4.0 厘米，呈梭形，表皮光滑，肉质细嫩，商品性佳，肉茭单重 95 克。耐热，较抗锈病，适宜冷水栽培。

'丽茭 1 号' 浙江丽水市农业科学研究院和浙江缙云县农业局从缙云地方品种'美人茭'中系统选育而成。与'美人茭'相比，表现为熟期提早 12～14 天，增产 5%左右，肉茭单重 110～150 克，茭肉白嫩、光滑，品质好。适宜在丽水海拔 400～

1 000 米山区种植。

**'鄂茭 1 号'** 武汉市蔬菜科学研究所从'象牙茭'变异单株中单墩系选而成。株高 2.4～2.8 米，肉质茎竹笋形，长 20～25 厘米、横径 3～4 厘米，肉质茎表皮洁白光滑、有光泽，肉质细腻、微甜，肉茭单重 100 克。株型紧凑，分蘖力较弱，对胡麻叶斑病的抗性较强。9 月下旬至 10 月上旬上市，一般亩产 1 200～1 500 千克。

**'秭归茭'** 湖北秭归县地方品种，武汉地区栽培品种之一。茭白表皮洁白，商品性较好，迟熟，可延长武汉地区市场秋季茭白供应期。4 月下旬定植，10 月中旬至 11 月上旬采收，一般每 7 天采收 1 次，亩产量 1 000 千克。

**'蒋墅茭'** 江苏省丹阳市农技推广中心与蒋墅乡农技站选育而成。株高 2～2.4 米，肉质茎近圆柱形，上部渐尖，表面略有皱纹，皮肉白色，平均长 20 厘米左右，横径 3.5～4.2 厘米，肉茭单重 137 克。早熟，分蘖少，生长势中等。

## 15. 双季茭有什么特点？主要品种有哪些？

双季茭又称两熟茭，对日照长短要求不严，但对水肥条件要求高。自然条件下在春季或夏秋栽植后可一年连收两季，为"两熟"。第一熟在当年秋分至霜降采收，采收期较单季茭迟，产量稍低，一般亩产 700～1 000 千克，称秋茭。第二熟在第二年小满到夏至采收，产量较高，一般亩产 1 500～2 000 千克，称夏茭。利用两熟茭的自身特性，栽培上可采用适当的促延措施使不同熟性的品种合理搭配，分开种植，变一年夏、秋"两熟"为春、夏、秋、冬"四熟"，以达到四季采收的目的。

双季茭按其孕茭所需的温度不同和夏、秋两季的产量差异，又可分为夏茭为主型品种和夏秋兼用型品种。夏茭为主型品种的孕茭适温为 15～20℃，以采收夏茭为主，生长势强，分蘖力弱，夏茭早熟，秋茭迟熟，一般在夏末秋初栽植。夏秋兼用型品种的孕茭适温为 20～25℃。夏、秋茭并重，一般春栽，秋季采收秋茭，翌年夏季采收夏茭，秋茭早熟，夏茭迟熟。通常夏茭为主型品种的种株取自夏茭田，夏秋兼用型品种的种株取自秋茭田。

'小蜡台'　江苏苏州地方品种。表现为早熟，适宜夏秋栽。夏茭株高 1.3～1.5 米，倒 3 叶长 90 厘米左右，宽 2.5 厘米，浅青绿色，长披针型。秋茭株高 220～240 厘米。疏蘖型分蘖力强，分株多，肉茭单重 70～80 克。茭肉由 4 节组成，肉白色，皮光滑，茭肉顶端象点燃后的蜡烛形状，故名"蜡台"。

'黄岩双季茭白'　浙江黄岩蔬菜办从宁波地方品种"四九茭"中定向系统选育而成，是目前茭白设施栽培中面积最大的品种，属夏茭为主型品种。保护地早熟栽培，在台州地区夏茭上市期为 3 月上旬至 5 月上旬，露地栽培在 5 月上旬至 6 月上旬上市。茭肉长 20 厘米左右，粗 4 厘米左右，肉茭单重 70 克以上，肉质白净细嫩，表皮光滑，商品性好，纤维含量少，食味佳。秋茭结茭节位较高，茭肉细长，品质好，商品性一般，10 月下旬至 11 月下旬上市。

黄岩双季茭白

'河姆渡双季茭白'　浙江余姚市农技站、余姚市河姆渡农技站从当地'七月茭'变异株中选育而成。表现为早熟，生长势较强，分蘖中等，地下匍匐茎发达。株高2米左右，叶片长100～130厘米，宽3.0～3.5厘米，黄绿色。夏茭于5月上旬至6月中旬收获，秋茭于9月上旬至10月初收获，肉质茎似梭子形，肉茭单重60～70克，肉质白色，质地细嫩，口味糯带甜，品质佳。

'**浙茭2号**' 原浙江农业大学等单位从杭州农家品种'纡子茭'中选育而成。表现为中熟，生长势较强，分蘖中等，抗逆性较好。株高1.5～2米，叶片长130～153厘米，宽3～4.9厘米，绿色。夏茭于5月中旬至6月下旬收获，秋茭于10月中旬至11月中旬收获。茭肉较短而圆胖，中间大两头尖，形似纡子，肉茭单重100克左右，肉质洁白，质地细嫩，味鲜美。在浙江各地均有栽培。

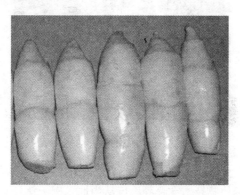

浙茭2号

'**浙茭911**' 原浙江农业大学从杭州农家品种'蚂蚁茭'中定向选育而成。表现为早熟，适应性广，生长势较强。株高1.8米，叶片长133厘米，宽3.4厘米，绿色。夏茭5月上旬至6月下旬收获，秋茭于9月下旬至10月下旬收获。茭肉表皮光滑洁白，肉茭单重60克以上。适宜春栽，在浙江绍兴、台州等地有种植。

'**龙茭 2 号**'　　浙江桐乡市农技推广中心、浙江省农业科学院植物保护与微生物研究所等单位从地方品种'梭子茭'变异单株中选育而成。表现为中晚熟，长势强，株型紧凑，分蘖力强，较耐寒，较抗胡麻叶斑病，品质好，丰产性好。株高 1.7 米左右，叶长 110～140 厘米，叶宽 4 厘米左右。夏茭 5 月上中旬至 6 月中旬采收，肉茭单重 110 克左右，秋茭 10 月底至 12 月初采收，肉茭单重 95 克左右。茭肉表皮光滑，肉质细嫩，商品性极佳。适宜在浙北、浙东地区种植。

龙茭 2 号

'**崇茭 1 号**'　　杭州市余杭区崇贤街道农业公共服务中心、浙江大学农业与生物技术学院等单位从当地'梭子茭'变异株系中选育而成。秋茭平均亩产 1 500 千克，夏茭平均亩产 3 000 千克左右。该品种分蘖力强，夏茭 5 月中下旬采收，秋茭 10 月底至 12 月中旬采收。秋茭平均株高 1.9 米，夏茭平均株高 1.8 米。秋茭肉茭单重 123 克、长 23.3 厘米、粗 4.4 厘米。茭体膨大以 4 节居多，隐芽白色，表皮白色光滑，肉质细嫩，商品性佳。耐低温性好。

'**青练茭 1 号**'　　上海青浦区练塘镇地方品种。茭肉体型狭长，口感香糯。3 月中下旬至 4 月上旬定植，秋茭 7 月下旬至 10

月中旬上市，亩产1 250～1 500千克。夏茭5月上旬至6月中下旬上市，亩产1 500～1 750千克。

'鄂茭2号' 武汉市蔬菜科学研究所从江苏'中介茭'变异单株中选育而成。表现为株高夏茭1.8～1.9米、秋茭2.4～2.6米。夏茭中熟，6月上旬上市，秋茭极早熟，9月中旬上市。肉质茎竹笋形，肉茭单重90～120克，表皮洁白光滑，商品性好。适宜湖北省茭白产区种植。

'印尼双季茭白' 湖北鄂州市蔬菜办引进的双季茭白品种，具有茭肉洁白柔嫩，株型紧凑，根系发达，耐肥抗倒等优点，且栽培简易，成活率高。春季在4月下旬开始采收，秋季8月下旬上市，每年可收6～8次，采收期长达半年以上。全年亩产3 000千克左右。

'广益茭' 无锡市郊的地方品种。植株较矮，叶色浓绿。秋茭株高1.8～1.9米，夏茭1.7～1.8米。株型较紧凑，密蘗型，分蘗能力强。地下根状茎的长势较弱，故分株较少，一般仅有50％～60％的墩头产生分株，分株分布在离墩头20～30厘米的范围内，3～5株成一撮，因而夏茭的产量较低，亩产1 200～1 250千克。秋茭亩产1 250～1 500千克。秋茭收获期在9月中旬至10月中旬，夏茭在5月末至7月中旬。秋茭茭肉长25厘米左右，肉茭单重75克，夏茭长20厘米左右，肉茭单重60克。品质较好。

'刘潭茭' 无锡市郊的地方品种。植株高大，叶色较淡。秋茭株高2.2米左右，夏茭2米左右。株形较松散，密蘗型，分蘗能力中等。地下根状茎的长势较强，分株多，一般夏茭亩产1 300～1 500千克，秋茭亩产1 200～1 250千克。秋茭收获期在9月上旬至10月初，夏茭在6月初至6月底。秋茭茭肉长30厘米，肉茭单重80克；夏茭长26厘米，肉茭单重70克。

'早夏茭' 无锡市蔬菜研究所与广益乡、南站乡共同从'广益茭'中选出的一个新品种。株形紧凑，秋茭株高1.8米左右，夏茭 1.6 米左右，叶片剑形挺立，叶色深绿。密蘖型，分蘖能力强，地下根状茎长势弱。秋茭亩产 1 200～1 300 千克，夏茭亩产 1 300～1 500 千克。秋茭收获期在 9 月下旬至 10 月中旬，夏茭在 5 月中旬至 6 月下旬。秋茭茭肉长 25 厘米，肉茭单重 80 克；夏茭长 22 厘米，肉茭单重 70 克。品质较好。

## 16. 茭白可否连作？一次定植能否连续多年采收？

茭白是不耐连作的作物。有些地方引种的茭白，头两三年产量较高，上市也早，但以后产量品质逐年下降，上市期也推迟，效益下降，就是连作带来的影响。要实现茭白的优质高产，可采用水田不同作物轮作或水旱轮作。为提高产量和抗性，茭白在一个生长周期后宜重新选留种和种植，不宜一次种植连续多年采收。

## 17. 茭白的选留种方式有哪些？

茭白根据不同的品种、不同的种植方式、以及不同的目标上市期，有着不同的选留种方式。目前生产中应用的主要选留种方式有老茭墩选留种、分蘖苗选留种、带茭苗选留种、薹管选留种等。

知识点

老茭墩：由基本苗及分蘖密集丛生组成的株丛，通称茭墩。秋季天气转冷后，茭墩地表的茎叶枯死，留在近地表和地表以下过冬的茎和根丛，称为老茭墩。

分蘖苗：在地面以下或接近地面处的茎基部发生的分蘖，达到一定的叶龄，形成独立的根系，称为分蘖苗。

带茭苗：夏茭老熟后，茭白基部的茎产生新的分蘖，这种老熟的茭白连同基部的分蘖苗称为带茭苗。

薹管：茭肉以下的地上茎。

## 18. 茭白良种选留标准有哪些？

茭白良种标准为植株的长势长相及分蘖性与原品种一致，茭墩内无一株灰茭或雄茭，肉质茎的主要特征与原品种一致，茭墩内多数分蘖生长整齐，孕茭期和采收期也比较集中，薹管相对较低等。对田间选中植株随时作好标记，待秋茭采收完毕后移入留种田。

## 19. 薹管寄秧育苗有什么特点？

薹管寄秧育苗是利用薹管上每一个节位都有分蘖芽的特性，以及新鲜薹管本身自带的养分，配合秧田水分补充，从而使薹管每一个节位都能萌芽生根，成为新苗。薹管寄秧育苗与传统寄秧后分株繁殖比较，育苗时间缩短2个月，繁殖系数提高3～6倍，秧苗长势一致，降低育苗成本。

## 20. 如何进行薹管寄秧苗繁育？

薹管寄秧育苗方法尤其适用于单季茭一年收两茬。10月上旬剪取离地带3～6节的单季茭薹管，平铺排放在备好的秧田中，间距2～5厘米，保持秧田水位至齐田板平面，5～10天后，

薹管寄秧育苗

薹管每一个节位分蘖芽都会萌发生根，抽出新的茭白苗；2~3周后，当苗高 15~25 厘米时，即可将每株茭白苗带根剪下，移至大田定植。1 根薹管可育 3~6 株苗。

### 21. 栽培茭白应选择怎样的田块？

种植田块一般选择交通方便、水源稳定充足、土层深厚的田块。水深能够人工控制，灌得上、排得出，也可选用地势比较低洼的水田，但水深不宜超过 35~45 厘米。土壤要求土层深厚，土质肥沃富含有机质，松黏适中。沙性土壤不宜种植茭白。

### 22. 单季茭什么时候种植？如何种植？

单季茭白一般都春栽，3 月下旬或 4 月上旬，日平均温度在 15℃以上时进行。从寄秧田中取出种墩，用锋利的小刀将种墩纵向劈成若干小墩，使每一小墩至少有一个老薹管和若干萌发的茭苗，且应尽量避免伤害种苗。每小墩基本苗数视品种分蘖力而定，分蘖力强，宜留基本苗 4~5 个，分蘖弱，宜留基本苗 7~8 个，茭白苗应随挖随分随栽。

### 23. 单季茭种植密度是多少？

种植密度视品种而异，一般亩栽 2 200~2 400 墩为宜，可采用垄畦、宽窄行等方法栽植。

垄畦法：采取沟宽 30 厘米，垄宽 80~90 厘米，沟深 30~40 厘米，取表层肥土回填 15~20 厘米，底土筑垄的组合。一畦栽一行，株距 25~30 厘米。其优点是集中施肥能提高肥料利用率，节省用水，减少肥料、灌水成本；改善田间小气候，促进高产。

宽窄行法：宽行 100 厘米、窄行 40 厘米，株距 40 厘米。可减轻病害，同时方便农事操作。

### 24. 单季茭如何施基肥和追肥？

单季茭植株高大，生长期长，生长量大，需肥多，要做到施足基肥，早施追肥，巧施孕茭肥。

基肥要占总肥量的 60%，以有机肥为主，辅以速效化肥，注意配施磷钾肥和微肥。整田移栽前每亩施厩肥 2 000～2 500千克，过磷酸钙 40 千克，碳酸氢铵 50～60 千克，氯化钾 5 千克，硼肥 1.5 千克。老茭田结合整地增施生石灰 100 千克/亩。

追肥宜早不宜迟，结合耘田，在插后 10 天茭白活棵后每亩施尿素 15～20 千克，氯化钾 6～8 千克。拔节期看苗补肥，如植株落黄，一般亩施尿素 3～5 千克，植株叶色浓绿可不施，如锈病严重则增加磷钾肥的使用量。当全田有 20%植株开始扁秆孕茭时施孕茭肥，每亩施三元复合肥 20 千克，植株长势旺、土壤肥力高的田块宜少施；土质瘠瘦、茭株生长落黄的茭田要适当多施。

### 25. 单季茭生长对水分有何要求？

单季茭耐涝不耐旱，适宜种植在水源稳定的水田中，灌水的深浅对茭白的生长影响非常大，各生育期缺水受旱，都会影响茭白生长，导致雄茭植株的产生。水层管理以"浅水定植，深水活棵，浅水分蘖，深水护茭，湿润越冬"的原则，移栽活棵后浅水灌溉，保持 3～5 厘米水层，分蘖期仍以 3～5 厘米浅水为宜，利于提高土温，促进有效分蘖的发生和植株的生根。茎秆长粗期保持 12～15 厘米水位，以控制无效分蘖，促进孕茭。孕茭期加深水至 20 厘米左右，降低田间温度，有条件的可用冷水、活水串灌有利提早孕茭。孕茭膨大期应保持水层 10～15 厘米，以保持茭白洁白，提高品质。茭白采收期保持浅水，便于采收，但田水排干不可过早，否则影响茭白产量和品质。整个生育期若遇降雨，要注意排水，水位不能淹没茭白眼。

分蘖期搁田 2～3 次，新茭田浅搁，老茭田深搁，以控制无效分蘖，促进根系生长。

## 26. 怎样进行单季茭的采收？

茭白从孕茭到采收需 15～20 天，一般在茭肉明显膨大，叶鞘稍有裂开或刚裂开时即可采收。由于单季茭一般在 9 月至 10 月上旬采收，气温较高，茭肉成熟快，容易发青变老，采收要及时，刚开始时可 3～4 天一次，到采收旺期 2 天收一次。

## 27. 如何进行双季茭的夏秋栽？

双季茭白夏秋栽培是最常见的一种种植方式。一般在 3 月下旬至 4 月初培育种苗，6 月下旬至 7 月上旬选用分蘖株定植大田。移栽前秧田亩施磷肥 50 千克，碳酸氢铵 50 千克，并在 6 月下旬做好二化螟、大螟及锈病防治，做到带肥带药定植。

定植时应选择阴天或傍晚，茭苗随起随种，起苗时尽量多带老薹管，减少机械损伤，过长的苗要剪叶尖，留叶和叶稍 40 厘米，剪切面保持倾斜，以防茭苗淋雨水后在叶鞘内积水发病。在定植前一星期放养浮萍，或者将上茬经过曝晒的青茭叶覆盖在行间，以降低水体温度，提高成活率；同时田间保持 15～20 厘米左右水位，水体温度在 35℃以下为宜。

## 28. 双季茭种植密度是多少？

一般品种行株距 100 厘米×55～60 厘米，单株定植，每亩种植 1 050～1 250 墩。'龙茭 2 号'等品种，分蘖力强，熟期晚，行株距 110 厘米×60 厘米，每亩定植 1 000 墩。

## 29. 双季茭如何施基肥和追肥？

茭白系多年生宿根植物，生长期长，分蘖力强，生物产量高，肥料需求量大，因此必须施足基肥，并适时追肥，才能保证植株的旺盛生长和优质高产。

新种植田块如果土壤较为贫瘠，定植前 20 天左右结合翻耕，每亩施腐熟厩肥 2 000 千克、磷肥及碳铵各 50 千克，并放养浮萍，力争在定植时全田覆盖，以培肥土壤。

连作田块，一般前茬肥料留存较多，故在定植前不用施底肥，只施用少量提苗肥，每亩施钙镁磷肥 40 千克和尿素 10 千克，待根系恢复将要分蘖时开始施有机肥。

在分蘖高峰期施重肥，以有机肥为主，每亩施腐熟厩肥 2 000 千克、磷肥 75～100 千克和尿素 10 千克，隔 10 天再施尿素 10 千克。

孕茭膨大肥，适时分三次施用，一般在 50％以上茭白孕茭、初次采收及采收盛期时每亩施三元复合肥 30～40 千克、尿素 15 千克。

夏茭生育期较短，生长速度快，因此要适当早管促早发，以速效肥为主，有机肥为辅。在 2 月中旬，秧苗露出水面后，即亩施磷肥 50 千克、碳酸氢铵 50 千克，或进口复合肥 20 千克、磷肥 30 千克；3 月中下旬间苗定苗后，亩施磷肥 50 千克、碳酸氢铵 125 千克和进口复合肥 25 千克，加腐熟有机肥 500 千克；在 50％～70％植株孕茭后，亩施硫酸钾复合肥 20 千克，采茭 20％～40％后，亩施进口复合肥 30 千克。

## 30. 双季茭生长发育对水分有何要求？

定植后 10 天内保持水位 15～20 厘米，7 月中旬还苗后，进行一次 5～7 天搁田，以促进新根生长，8 月下旬至 9 月上旬进入分蘖期，须搁田与灌水交替循环，一般 1 周搁田，随后灌水 10～15 厘米并保持 1 周。早中熟品种进入孕茭期后，以 8～10 厘米浅水灌溉为主，采收期须灌水 20 厘米；'龙茭 2 号'等晚熟品种在 10 月底进入采收期，随着气温降低，茭株生长速度减缓，则以保持湿润为主。待秋茭采收后，及时排干积水，进行搁田，茭叶枯黄后，及时割去地上部分，清园。12 月至 1 月底的休眠期，灌水 10 厘米防冻杀虫灭菌。2～3 月份进入萌芽期、幼苗期浅水灌溉，水深 10 厘米，遇倒春寒（强冷空气）满水护苗。4 月中下旬孕茭期保持 5～10 厘米浅水位；采收期水层保持 20～30 厘米，以降低田间温度，防止青茭。

### 31. 如何改善双季茭生长环境？

双季茭白在夏季定植，易受高温影响，如何降低水体温度，防止高温灼伤秧苗，是保证成活率、促进生长的关键之一。放萍是个有效方法之一，既可有效改善水质、降低水温及土温的效果，又可改善田间小气候。同时，合适的种植密度、宽窄行栽培及删叶（摘除虫卵叶、黄叶、除去无效分蘖）都可提高田间通风透光性，降低湿度，减轻病虫害，提高茭白品质。

### 32. 怎样进行双季茭的采收？

当茭株孕茭部显著膨大，叶鞘一侧开裂，微露茭肉，心叶相聚，两片外叶向茎合拢，茭白似蜂腰状时达到采收标准。为提高品质，采收可适当偏早，如'六月茭''浙茭 2 号'以在"开眼"前采收为宜。秋茭和夏茭的采收方法有所不同：采收秋

茭白的采收

茭时在薹管中部拧断，不能伤及根系，以免影响第二年生长；而采收夏茭时，可扭住植株，用力折断。

## 33. 什么是双季茭白的"三改两优化"栽培？

浙江黄岩的茭农经多年的试验摸索和总结完善，形成了一套以夏茭为主型的双季茭白"三改两优化"栽培技术。即改露地栽培为棚膜覆盖栽培，改灌深水护茭为培土护茭，改茭荚定植为带茭苗定植及优化施肥技术和优化病虫综合防治措施。

茭荚定植：选取老熟的茭白及相连的基部1~2节薹管上的根系作种苗进行定植的方法。

带茭苗定植：选取老熟的茭白连同其基部的茎产生的2~3个新的分蘖作种苗进行定植的方法。

## 34. 茭白"三改两优化"栽培有何优势？

（1）培土护茭　一是产品质量明显改善。通过培土，有效阻隔阳光对茭荚的照射，使茭壳色淡、茭肉白净细嫩，外观商品性优。二是增产明显，不易老化，孕茭期相对延长，提高产量。三是节约水资源，扩大了适种范围。采用培土护茭后，在孕茭期保持茭田水位3~5厘米即可，因此只要能灌水的田块均可种植，适种范围扩大了。水位的降低，也减少水的用量。四是较好地抑制无效分蘖，降低孕茭节位。

（2）棚膜覆盖　一是能使夏茭提前上市，错开夏茭旺销季节，提高效益。二是增加产量，一般较露地增产30%以上。三是提早上市后，避开了病虫旺发季节，减少了农药使用。

（3）带茭苗定植　一是可有效地保证品种纯度。二是成活率接近 100%，较常规技术提高二十多个百分点。三是把种苗直接留在原茭田，待其产生 2～3 个分蘖后直接移植到新茭田中，省了寄秧田，也省了二次再移植，省工省力。

（4）病虫综合防治　一是使病虫发生时期推迟半个多月，错开了孕茭采收期和病虫发生高峰期，减少农药用量。二是避免因技术掌握不当，在防治病害杀死病菌的同时杀死了黑粉菌，造成孕茭推迟或不孕茭，减产降质。

（5）科学施肥　一是施足秋茭的分蘖肥，确保了秋茭茭墩粗大，为来年夏茭丰产打基础；二是施足春季分蘖肥，并增施钾肥，促进有效分蘖早发、粗壮；三是在大部分植株开始孕茭后，看株势追肥，并增施钾肥，提高茭肉的粗壮度和产量；四是增加有机肥的施用，减少茭白病害，提高产品质量。

茭白棚膜覆盖早熟栽培

## 35. 如何进行双季茭白的"三改两优化"栽培？

（1）品种选择　选择孕茭适温较低的以夏茭产量为主的早熟双季茭品种，如'黄岩双季茭白''浙茭 911'等。

（2）茭田选择　选择地势低、土层深厚肥沃、富含有机质及黏度适中、水源丰富、排灌方便的田块。同一田块种植茭白最好不要超过三年。

（3）整地与定植　整地前亩施腐熟厩肥或栏肥 1 000～1 500 千克作底肥，整地时做到田平、泥烂、肥足，整地后灌水 3～5 厘米。6 月中下旬选阴雨天气定植，苗随起随植，株距 35～40 厘米，宽窄行种植，宽行距 80～100 厘米，窄行距 60～80 厘米，亩栽 2 000～2 400 墩，每墩定植种苗 1～2 株。

定植成活后的茭苗

（4）秋茭田间管理　①施肥。定植后 1 周左右，待种苗还苗成活后施提苗肥，亩施尿素 5 千克；隔 10 天左右再重施分蘖肥，亩施三元复合肥 20～25 千克；以后根据植株的生长情况可少量追施肥料 1～2 次，孕茭前 1 周左右停施；待 50％左右植株开始孕茭后再施孕茭肥促茭白膨大，亩施碳酸氢铵 20～30 千克、过磷酸钙 10 千克。②耘田与删叶。定植后约 15 天至植株封行前，结合施肥每隔 10～15 天耘田一次，共 3～4 次，并及时删去黄叶、老叶、病叶，以增加通风透光，减少病虫害，促进分蘖。删老黄叶时只要在叶枕部位折断就行，并注意补缺，确保足苗、全苗。③田水管理。分蘖前期保持 3～5 厘米浅水，中后期加深到 7 厘米以上，孕茭期保持 10～12 厘米深水位，采收盛期保持 3～5 厘米浅水位，采收结束后，放干田水，休眠期保持田间土壤湿润，田面不开裂。④去杂去劣。在孕茭期和采收期注意及时拔除灰茭、雄茭及结茭少的植株，保持品种纯度，确保来年夏茭产量和品质。

（5）夏茭田间管理　①茭田清理。秋茭采收后，12月中下旬，待地上部植株完全枯黄后用镰刀齐泥割去地上残株枯叶，清洁园园，将枯株残叶搬出茭田，集中销毁，以减少虫口和病菌越冬基数。②盖膜管理。割株清田后放干田水，保持田面湿润，搭棚盖膜，促植株提早萌发并防止霜冻。双季茭白的棚室分大棚、中棚、小棚，大棚茭白要比小棚茭白提早半个月上市。大棚宽5.5米以上，中立柱高1.7米以上，内栽6行以上。中棚宽3～5米，中立柱高1.3～1.7米，内栽3～5行。小棚宽1.4～1.6米，中高0.4～0.5米，内栽茭白2行。早春茭墩发芽后，天气温和时棚架两头通风；天气晴好，棚内温度超过30℃时揭边膜及两头通风；遇到连续阴雨天气时加强通风炼苗。小棚一般在3月下旬揭膜，大棚要等清明以后再全棚揭膜。③施肥。以有机肥为主，施足基肥，追肥掌握"促—控—促"施肥原则，即分蘖期多施肥促分蘖生长，孕茭前控制施肥促植株及时转入孕茭生长，孕茭中后期施肥促茭肉粗壮，避免偏施氮肥，不用硝态氮肥。棚架搭好后盖膜前施基肥，中等肥力田块亩施腐熟厩肥1 500～2 000千克或三元复合肥25千克、氯化钾15千克。施后灌浅水，并任其自然落干。苗高10～20厘米时，第一次追肥，亩施腐熟厩肥1 000～1 500千克或三元复合肥15千克；隔15天左右第二次追肥，亩施三元复合肥15千克、氯化钾10千克；以后视植株长势的强弱，每隔10～15天再施1～2次，每次每亩施尿素5～8千克。孕茭前1周左右停施，即大棚一般在3月下旬，小棚在清明前1周停施。待50%左右植株开始孕茭后施孕茭肥，亩施碳酸氢铵15～20千克、过磷酸钙10千克。④田水管理。茭田施基肥后即行灌水，除孕茭期水位稍高外，其他时期保持水位3～5厘米即可。⑤疏苗定株。当苗高20～30

厘米时就开始疏苗定株，分次疏去弱苗、病苗及过密处的苗，最后每墩留疏密均匀的粗壮苗14～18根定株。每亩保留有效分蘖苗3万～3.5万株。⑥耘田。当苗高达到20厘米时结合施肥即可开始耘田，先施后耘，隔7天左右一次，连续2～3次。⑦培土。当茭白开始孕茭，即植株茎部发扁，同水面交界处开始膨大时，即行培土，把行间的烂泥培到已孕茭的茭株基部。培土要分株分次进行，每墩看到一株孕茭培一株，并随着茭白的不断膨大伸长，不断培土，但培土高度不能超过茭白眼。由于植株孕茭有先后，在采收期还要边采收、边培土。

培土护茭

## 36. 什么是"早茭"？

茭白在生长过程中，有些植株还很小时，有的只有4叶1心就开始孕茭，生成又细又短的茭白，叫"早茭"。因孕茭时叶龄小，比正常孕茭提早3个叶龄以上，叶片同化面积少，植株积累的营养物质也少，其形成的茭白又细又短，商品性差，严重影响茭白的正常产量和产值。

小苗已孕茭的早茭

## 37. "早茭"是怎么产生的?

一是暖冬天气,特别是 2 月份气温偏高,已达一定叶龄(4 叶 1 心)的植株在棚内适宜的环境温度下易孕茭;二是冬春季长时间闷棚;三是茭白苗受冻、受灼、肥害或脱肥;四是越冬茭墩地上部留茬过高;五是茭墩遭螟虫侵蛀;六是多年连作;七是留种过早;八是割株盖膜过早等。

## 38. 如何减少"早茭"?

一是加强对秋茭害虫的防治,自苗期开始,连续防治,确保秋茭茭墩不受侵蛀;二是适时齐泥割除地上部,必须等植株地上部完全枯黄后进行,要齐泥割除,不要留高于地表的薹管;三是加强棚膜揭盖管理,培育壮苗,根据气温变化及时通风炼苗;四是科学施肥疏苗,施足基肥,追肥氮、磷、钾配施,不可偏施氮肥,追肥后应耘田松土,当苗高 20~30 厘米时,分次疏去细弱苗、病苗、过挤的苗及有孕茭症状的早茭苗;五是适时留种与轮作，在茭白采收中期选留种，并实行轮作栽培，以确保产量和品质。

## 39. 如何进行茭白的四季结茭促延栽培？

茭白四季结茭促延栽培主要是根据茭白生长特性，利用不同气候地理条件，形成平原、山区协同发展，早、中、迟熟品种合理搭配，茭白栽培多模式发展有机结合，从而使 3 月到 12 月均有茭白采收上市，配合冷库贮放调节，基本实现周年供应。

**浙江省缙云县四季结茭促延栽培技术介绍**

（1）高山单季茭种植模式　利用高海拔（500 米以上）区域夏季温度相对较低的优势种植单季茭，上市时间在 7～9 月，此期低海拔地区因高温难以孕茭，市场上茭白较少。

（2）单季茭收两茬种植模式　该模式运用单季茭品种，通过"两改三早"技术措施，单季茭第一茬采收时间 6 月中旬至 7 月上旬，在茭白采收后，不需重新翻种，经两茬栽培管理，在 9 月下旬至 10 月上旬采收第二茬茭白。

（3）双季茭种植模式　夏茭采收期 5 月中旬至 6 月中旬，秋茭采收期在 10 月上旬至 12 月上旬，与单季茭一年收两茬和高山单季茭采收期错开，夏茭采收期稍早于浙江北部的双季茭产区。

（4）设施茭白种植模式　双季茭秋茭采收后，在 12 月搭棚覆膜，3 月中旬至 4 月上旬即可揭膜。大棚覆盖茭白夏茭采收可提前至 4 月中旬，比露地栽培提早 1 个月。

### 40. 什么叫高山茭白?

在海拔高度 500 米以上山区,利用夏秋凉爽、昼夜温差大的气候优势栽植的茭白,一般称为高山茭白。夏季平原茭白不利孕茭,而高山地区的气候条件有利于茭白孕茭,茭白可在 7～9 月上市,能弥补平原地区高温季节蔬菜供应的短缺,还能促进山区农业结构调整,增加山区农民收入。高山茭白宜选择耐高温型的单季茭品种,如'金茭 1 号'。

### 41. 高山茭白有什么优势?

一是季节优势。利用高山地区夏秋凉爽、昼夜温差大的特点,在高温季节生产茭白,可在 7～9 月茭白上市,此时双季茭区的夏茭已采收结束,而秋茭还未采收,加上我国南方 7～9 月因蔬菜生产茬口交替、夏季高温干旱和台风暴雨等灾害性天气的危害,常出现蔬菜供应淡季,品种单调、数量少。高山茭白缓减夏秋蔬菜市场供应,产品销路好,价格高。二是环境优势。在海拔较高的山区,空气、水、土壤等生态环优越,病虫害发生较轻,农药施用量相对减少,所产茭白嫩白、味鲜美、污染少,具有很强的市场竞争力。三是劳动力优势。山区农村剩余劳动力较丰富,而高山茭白生产是劳动密集型产业,发展高山茭白既增加部分农村剩余劳动力就业,又提高山区农民收入。

### 42. 高山茭白如何定植?

剪秆扦插法:9 月中旬至 10 月中旬,将选中的母株秆,从泥面下 2～3 厘米带 1～2 个须根开始,剪取长度 20～25 厘米薹管作为扦插材料。扦插角度 45°左右,扦插深度以不倒秆为准,宜浅不宜深,以利成活和分蘖。扦插密度行距 70 厘米,株距 40 厘米,亩插 2 200～2 400 株,瘦田密插,反之稀插,田间保持一层薄水,促进茭苗成活。

分株繁殖法：9月中旬至11月上旬，将选取的种墩挖起分墩栽植，每个分墩带3~4芽，定植到事先整理好的茭田中，密度同上。

寄秧定植法：新植茭区因前茬作物未收获，一般先进行寄秧，待第二年4月当苗高20厘米时，再移栽定植。寄秧田做畦宽120厘米，沟宽30厘米，寄秧密度行距50厘米，株距15厘米，可采用剪秆扦插法或分株繁殖法。

### 43. 高山茭白的大田管理措施有哪些？

（1）间苗补苗　当苗高20厘米时，做好间苗补苗工作。间苗掌握"去密留稀、去弱留壮、去内留外"的原则，并补栽去劣后的空墩，确保全苗。间苗分2次进行，最终每墩留8株左右，即每亩约2万株。

（2）科学施肥　扦插或分墩苗成活后，亩施尿素3~5千克。4月上中旬当苗高20厘米时，结合间苗补苗，重施提苗肥，亩施腐熟有机肥1 000~1 500千克，加复合肥50千克或碳酸氢铵50千克、过磷酸钙50千克、氯化钾20千克。分蘖肥在提苗肥施入后15天左右进行，亩施复合肥35千克。孕茭肥在5月下旬施用，亩施尿素25千克、氯化钾15千克。

（3）水浆管理　掌握"浅水定植、深水活棵、浅水促蘖、深水孕茭、湿润越冬"的原则。栽植时水位在2~3厘米，栽后4~5天加深水层至5~10厘米，活棵返青后，水位降到2~3厘米，当全田分蘖苗足够后，加深水层控制无效分蘖，孕茭膨大期加深水层到15厘米以上，但不能超过"茭白眼"，有条件的茭田，可用山坑冷水串灌，促进茭白肉茎膨大，提高产量和品质。

（4）去除黄叶　分蘖后期，茭墩内植株拥挤，应把基部已发黄的老叶去除，除下的老叶踏入田中沤作肥料，使田间通风透光，降低株间温度，促进早孕茭。

## 44. 什么是单季茭收两茬技术？

单季茭收两茬是指在原单季茭产区的单季茭品种，经栽培技术创新，使原单季茭采收期大幅提前，为第二茬再生茭创造条件，由"一年收一茬"改为"一年收两茬"的栽培技术。该栽培技术，从 2004 年开始，由浙江省缙云县首先试验、示范，获得成功后，逐渐在平原、500 米以下低海拔单季茭产区推广应用，使茭白产量、效益大幅度提高。

## 45. 单季茭收两茬有什么优势？

一是品质好。单季茭收两茬品种以茭肉嫩、大小适中，不易返青的'美人茭''金茭 1 号'为主。二是产量高。单季茭改收两茬栽培，头茬茭产量与原单季茭栽培产量相当，增收第二茬茭，从而提高单位面积产量。三是错开采收期，头茬茭采收旺期在 6 月中下旬，此时双季茭主产区夏茭旺收期已过，而高山单季茭白尚未上市，第二茬茭采收旺期在 9 月下旬至 10 月上旬，高山单季茭白已收获结束，而双季茭主产区秋茭尚未到旺收期。

## 46. 什么是单季茭收两茬"两改三早"技术？

在原单季茭栽培基础上通过"两改三早"技术创新，达到收两茬目标。

"两改"是指：一改 2~3 年翻耕栽植一次为每年翻耕栽植。二改分株繁殖或剪杆扦插育苗为薹管平铺寄秧育苗。

"三早"是指：早栽植，由原单季茭栽培的当年 4 月份栽植，提早到上年 10~11 月上旬栽植。早施肥，由原单季茭栽培在 4 月上中旬当苗高 20 厘米时开始施肥，5 月下旬施肥结束，提早到 2 月份开始施肥，掌握前期量少，中后期略多的施肥原则，4 月底施肥结束。早管理，在第一季茭白收获结束后，立即进行割禾，留茬5～10厘米，以促进第二茬再生茭苗生长发育。

## 47. 单季茭收两茬关键技术措施有哪些？

单季茭收两茬栽培技术关键是"促早"，即当年秋冬早栽种以增加生长量，翌年开春后早施肥、早管理促早发，以利第一茬茭白提早孕茭、提前采收，保证第二茬再生茭有充足的生长期，确保第二茬优质高产。

**第一茬茭白**

（1）薹管育苗　在当年高海拔单季茭白大田中，选取生长整齐、成熟一致、茎节紧凑、结茭多、商品性好的茭墩作为种株。待采收结束后，在离地2～3厘米处截取20～25厘米长、带1～2个须根的薹管作为繁殖材料。薹管育苗采用两种方式，平铺或斜插。平铺方式育苗，育苗前先准备好秧田，做畦宽120厘米，沟宽30厘米，保持畦面湿润。将薹管残叶剥掉，芽眼朝上排种，深度与畦面平即可，薹管首尾相接，行距2～5厘米。保持畦面湿润，抽芽后灌水上畦面。斜插方式育苗，将薹管直接斜插入秧田中，斜插角度45°左右，深度以不倒秆为准，宜浅不宜深，以利成活和分蘖，密度为20厘米×10厘米。

（2）整地定植　第二茬茭白采收完毕，马上进行翻耕，一般在10月份定植，最迟不能超过11月中旬，否则茭苗易受冻害，影响成活率。种植密度，等行栽培行距70厘米、株距30厘米；宽窄行栽培宽行距80厘米、窄行距30厘米、株距40厘米为宜，亩栽3 000丛左右。

（3）补苗间苗　翌年早春气温逐渐回升，要及时做好补苗工作，以确保全苗。间苗掌握"去密留稀、去弱留壮、去内留外"的原则。间苗一般进行3～4次，前期间苗是留好基本苗，后期去掉多余分蘖苗，每墩留6～7株，每亩保留有效苗2.0万～2.2万株。

（4）施肥　基肥亩施商品有机肥300千克或腐熟农家肥

1 000千克，加碳酸氢铵 50 千克、过磷酸钙 50 千克、氯化钾 10 千克。追肥掌握"前期量少，中后期略多"的原则。第一次追肥在定植后 20 天左右，亩施尿素 5 千克。之后看苗多次追肥，每次亩施尿素 5～7 千克，4 月份每隔 7 天追肥一次，亩用三元复合肥 10～15 千克。

（5）水浆管理　掌握"浅水定植促蘖、苗足搁田、深水孕茭、浅水采收"的原则。定植、分蘖期灌浅水 2～3 厘米以利成活，促早发；5 月初全苗后适当搁田，达到田不陷脚，有裂缝为宜，以控制无效分蘖，提高土壤通气性与抗病能力；孕茭膨大期加深水层到 15 厘米以上，但不能超过"茭白眼"，有条件的茭田，可用冷溪水串灌，促进茭白肉茎膨大，提高产量和品质；采收期保持水层 5 厘米。

（6）收获　掌握在孕茭部位明显膨大，叶鞘一侧略张开，露出茭肉 1 厘米左右时采收。

**第二茬茭白**

（1）预留秧田　茭白生产基地一般都是连片多年种植，在头茬茭收获后，预先留足寄秧田，以利下季生产寄秧之用，秧田面积与大田比例为 1∶10。

（2）清理秸秆　在第一季茭白收获完毕后，立即进行清园工作。先把杂株连根挖起，并割去田间病株拿出田外集中处理，再进行补植，确保全苗。然后割除残余秸秆，留茬 5～10 厘米。

（3）田间管理　秸秆清理完毕，马上灌浅水进行施肥，亩用碳酸氢氨 50 千克、过磷酸钙 30 千克、氯化钾 10 千克撒施，齐苗后，亩施三元复合肥或尿素 25～30 千克。二茬茭生长期较短，株型矮小，有效苗可比头茬茭适当增加，每墩留 8～10 株，一般情况不需间苗。二茬茭病害较少，虫害以螟虫、长绿飞虱为主，选择对口药剂防治。水浆管理全生长期以浅水为宜。

（4）采收　及时做好第二茬茭采收是下一季生产的关键，过晚气温下降会影响定植茭白成活率，一般 9 月份开始采收，

10 月中旬必须结束。

## 48. 什么是冷水茭白？

"冷水茭白"就是在茭白栽培过程中采用冷水灌溉方式收获的茭白。单季茭白在夏季高温时不能孕茭，利用水库等冷水资源，可降低田间温度，创造适宜茭白生长发育的田间小气候环境，满足茭白肉质茎生长和黑粉菌寄生对温度的要求，从而实现高温季节孕茭上市。

## 49. 冷水茭白的栽培管理要点有哪些？

（1）品种选择　冷水茭白一般采用当地单季茭品种栽培。

（2）田块选择　选择能串灌到水库库脚冷水的田块种植，利用水库冷水进行灌溉。水库的蓄水量最好在 $2\,000 \times 10^4$ 米$^3$ 以上，这样不仅水源充足，而且降温效果好。同时，为充分利用水库的冷水资源，基地要适当集中成片，以提高串灌的降温效果，降低生产成本，增加经济效益。

（3）适时灌水　冷水灌溉时间的早迟与茭白上市时间密切相关，一般在形成足够的有效分蘖前要浅灌水，以促进生长和分蘖。在正常气候条件下，为使茭白能在 8 月份上市，冷水灌溉宜在 7 月上中旬分蘖后期开始。如灌水时间过迟，则无效分蘖多，上市期相应推迟。一般采取串流的方法，即连续串灌"跑马水"或有规律地间歇灌水，也可只在白天对茭田进行灌溉。如水源充足，最好昼夜串灌库底冷水。田水深度以保持15～20 厘米为好，既可抑制茭墩无效分蘖，又利于黑粉菌的寄生，提早孕茭。

（4）科学施肥　"冷水茭白"由于生长期缩短，应重施基肥，早施追肥，施肥量以基肥、追肥各半为好。基肥以有机肥为主，亩施腐熟农家肥 1 500 千克，过磷酸钙、草木灰各 50千克。一般在定植后 10 天左右进行第一次追肥，亩施碳铵

40～50 千克，或尿素 10～15 千克；第二次追肥在 4 月下旬，亩施尿素 10 千克。结合追肥进行耘田除草。以后视茭株长势，每隔 25 天左右施速效肥一次，亩施尿素 10～15 千克。如追肥施用不当或速效氮肥施用过多，易引起长势过旺，分蘖增多，推迟孕茭，影响冷水灌溉的效果，因此，"冷水茭白"一般不施孕茭肥。

（5）及时采收　8 月上中旬"冷水茭白"可大量采收，此时正值高温天气，茭白易发青变老，应及时采收上市。

### 50. 茭白有哪些主要病虫害？

茭白病虫害种类较多。主要病害有胡麻叶斑病、锈病、纹枯病、茭白瘟病、黑粉病等。主要虫害有二化螟、长绿飞虱、大螟等。要控制茭白病虫害，应实行合理轮作，清洁田园，增钙调酸，健身栽培和选用对口药剂等综合措施相配套的优化防治技术。此外，还可采取杀虫灯、性诱剂诱杀及茭田养殖鱼鸭等来减轻虫害。

### 51. 如何识别茭白胡麻叶斑病？怎样防治？

茭白胡麻叶斑病主要为害叶片，叶鞘也可发病。叶片发病初期密生针头状褐色小点，后扩大为褐色纺锤形或椭圆形斑，状如芝麻粒。后期病斑中心变灰白色，周围有黄晕。病情严重时引起叶片由叶尖或叶缘向下或向内逐渐枯死，最后叶片干枯，远望叶片似火烧。本病于 6 月上中旬，平均温度 20℃时开始发病，7 月中旬为盛发期。

防治措施为一是收获时彻底清除病叶，集中烧毁，有助于减少翌年病菌来源，减轻发病。二是施足基肥，配方施肥，适时喷施叶面肥，适当补充钾肥和锌肥，促植株早生快发，壮而不过旺，旺而不徒长，增强抗病力。三是及早喷药预防控病。从分蘖末期开始、最迟于见病时，可选用 40% 氟硅唑（福星）

乳油 5 000 倍液，或 10％苯醚甲环唑水分散粒剂 5 000 倍液，或 75％百菌清可湿性粉剂 800 倍液，或 80％代森锰锌可湿性粉剂 800 倍液，或 12.5％烯唑醇乳油 2 500 倍液等喷雾防治，叶面、叶背均要喷到，7～15 天防治 1 次，视病情防治 2～4 次。

## 52. 如何识别茭白锈病？怎样防治？

茭白锈病危害叶片、叶鞘和茎秆。发病前期叶片正反面、叶鞘散生稍隆起的褐色小疱斑（夏孢子堆），疱斑破裂后散出铁锈色粉状物，后期叶片、叶鞘呈现灰色至黑色小疱斑（冬孢子堆），长条形，表皮不易破裂。严重时患部病斑密布，水分蒸腾量剧增，导致叶鞘、叶片枯死。该病一般在 4 月下旬始发，6 月下旬、8 月上旬为盛发期。

防治措施一是注意寻找抗病品种。二是加强栽培管理有助于减轻发病。三是发病初期及早喷药控病。药剂同胡麻叶斑病。

链接

锈病为茭白的重要病害，主要发生在南方地区，发病后病情往往较重，病株常达 60％以上，明显影响茭白生产。

## 53. 如何识别茭白纹枯病？怎样防治？

茭白纹枯病主要侵害植株叶片和叶鞘，分蘖期和结茭期易发病。初在近水面的叶鞘上产生暗绿色水渍状椭圆形小斑，后扩大并相互连合成云纹状或虎斑状大斑，病斑边缘深褐色，发病与健康部位分界明晰，病斑中部淡褐色至灰白色。病斑由下而上扩展，延及叶片，使叶片出现云纹状斑。发病严重时，叶鞘叶片提早枯死，茭白肉质茎亦受危害，致茭肉干瘪，失去食用价值。患部病征前期表现为蛛丝状物（病菌菌丝体），后期表现为萝卜子粒状的核状物（由菌丝体纠结而成的菌核）。幼嫩菌核呈白色至乳白色绒球状，老熟菌核茶褐色，表面粗糙，仔细观视其呈海绵状孔，或似蜂窝状，易脱落。

防治措施为一是植前尽量清除菌源，在翻耕耙平后，利用混在水面"浪渣"内的菌核随风吹集至下风向的田边和田角的特点，用布网或密簸箕等工具打捞、收集"浪渣"带出田外集中处理，可减少菌源，减轻植株前期发病。二是合理密植，结合管理尽量清除植株基部老化的鞘叶，改善株丛间通风透光性，有助于减轻发病。三是管理好肥水，创造一个适于茭白植株生长，不利病害蔓延的田间生态环境，以控制本病的水平扩展和垂直扩展，减轻危害。在用肥上，采取前促（分蘖）、中控（无效分蘖）、后补（催茭肥促孕茭）的施肥策略，促植株早生快发，壮而不过旺，稳生稳长，提高植株自身抵抗力。在水浆管理上，宜根据茭白不同生长期对灌水深度的不同要求，采取前浅（萌芽期及分蘖期）、中搁（控无效分蘖）、后浅或湿润（促孕茭）的策略，以水调温，以水调肥。四是及时喷药预防控病。分蘖盛期前后通过喷药控制病害水平扩展。植株生长中后期通过喷药控制病害垂直扩展，使植株保持足够的功能叶，以利孕茭，提高茭白产量。用药可选喷28％多菌灵井冈霉素悬浮液500～700倍液，或16％噻嗪酮井冈霉素悬浮剂800～1 000倍液，或20％三环唑井冈霉素600～800倍液，交替施用，每隔7天左右1次，连喷2～3次，喷匀喷足。

### 54. 如何识别茭白瘟病？怎样防治？

茭白瘟病主要侵害叶片。叶片病斑分急性、慢性和褐点3种类型。急性病斑大小不一，小的似针尖，大的似绿豆，较大的病斑两端较尖，暗绿色，潮湿时叶背病斑呈灰绿色霉层，是茭白瘟病流行的先兆。慢性病斑在干燥条件下由急性病斑转变而成，近梭形，似牛眼，周缘红褐色，中央灰白色，病斑两端常有或长或短的坏死线。褐点病斑是在高温、干旱时出现的病斑，表现为褐色小点，与茭白胡麻叶斑病近似，但斑外无黄色晕圈，且多见于较老叶片，不常见。

防治措施为一是因地制宜地选用抗病品种。二是结合冬前割墩，收集病残物集中处理，以减少来年菌源。三是加强肥水管理。配方施肥，避免偏施氮肥；管好水层，避免长期深灌，注意适时适度搁田，提高根系活力，增强植株抵抗力，有助于减轻发病。四是及早喷药预防控病。在植株分蘖盛期，按无病早防、见病早治的要求，加强检查，视苗情、天气和病情（是否发病和病斑类型等），决定挑治或普治。药剂除参照胡麻叶斑病防治用药外，还可喷施 20％三环唑可湿粉 1 000 倍液，或40％稻瘟灵（富士一号）乳油 1 000 倍液，或 13％三环唑春雷霉素可湿粉 400～500 倍，隔 10～15 天 1 次，连续使用 2～3 次，要求交替施用，前密后疏。

## 55. 如何识别茭白黑粉病？如何防治？

茭白黑粉病主要为害叶鞘和茭肉。发病初期叶鞘上病斑为深绿色小圆点，以后发展成椭圆形瘤状突起，后期叶鞘充满黑色孢子团，使叶鞘发黑。茭肉发病时黑粉菌充满茭白组织，使中间鼓胀突起，茭体变短，外表面多有纵沟，粗糙，长到老也不开裂，横切可见黑色孢子堆，不能食用，成为常见的灰茭。

防治措施为一是精选茭种，去除灰茭。二是加强管理。春季要割老墩、压茭墩，降低植株分蘖节位；在老墩萌发时疏除过密分蘖，促萌芽整齐；管好水层，分蘖前宜浅灌，中期适当搁田，高温期宜深灌，抑制无效分蘖；合理施肥，在施足基肥的基础上，前期及时追肥，促分蘖生长，高温期宜控制追肥，抑制后期分蘖，夏秋季节及时摘除黄叶，改善株间通风透光性。

> **链接**
>
> 茭白是受黑粉菌侵染促肉质茎膨大形成，使用杀菌剂容易抑制黑粉菌易产生不孕的"假性雄茭"，因此在茭白孕茭期慎用杀菌剂，特别是三唑酮、腈菌唑、苯醚甲环唑等三唑类杀菌剂。

## 56. 茭白二化螟发生规律是怎样的？如何防治？

露地茭白二化螟主要以 6 龄老熟幼虫在茭白残茬中钻蛀越冬，翌年 4 月中旬为化蛹高峰期，4 月中旬末至下旬为羽化高峰期。二化螟成虫主要将卵产在叶片上，叶鞘上为少数，大多数卵块产于心叶、倒一叶和倒二叶，产卵部位集中于茭白叶枕以上 60 厘米范围的叶片上。二化螟初孵幼虫喜钻蛀倒 4、倒 5 叶片的叶鞘内侧的叶肉，2 龄后开始转移，往内侧叶鞘钻蛀，二化螟幼虫最喜钻蛀叶鞘内芯。茭白田中二化螟的虫口密度高，但发生期较为集中，5 月上中旬为第一代二化螟的卵孵盛期，7 月中旬为第二代的卵孵盛期，8 月下旬末 9 月上旬为第三代的卵孵盛期。

防治措施为一是农业防治。在越冬代螟虫盛蛹期（一般在四月中下旬）灌水淹没茭桩，能淹死大部分蛹；齐根拔除或剪除受害植株可消灭一部分虫源。二是物理防治。采用频振式杀虫灯或性诱剂诱蛾。三是化学防治。当亩虫量达到 5 000 条以上或田间枯鞘率达到 5%～10% 时，可选用沙蚕毒素类，如杀虫双和杀虫单；或 BT 制剂及其复配剂，或氯虫苯甲酰胺（康宽）等。在苗期发生量不大时，可以采用挑治枯鞘团的办法，省工省药；对发生量大的田块，可加大用药量和用水量，重复喷药，提高杀虫效果。

频振式杀虫灯：大多数的害虫都有趋光性，它们对灯光敏感，在黑夜里喜欢靠近有光亮的地方，频振式杀虫灯就是根据害虫成虫的趋向性，应用频振灯管产生特定频率的光波，近距离用光，远距离用波，黄色光源，性信息等，引诱害虫靠近，高压电网缠绕在灯管周围，将飞来的害虫的成虫杀死或击昏，以达到防治害虫的目的。

性诱剂：昆虫性信息素，也叫性外激素，是昆虫在交配时期释放到体外，以引诱同种异性昆虫去交配的化学通信物质。在生产上应用的人工合成的昆虫性信息素一般叫性引诱剂，简称性诱剂。用性诱剂防治害虫高效、无毒、没有污染，是一种无公害治虫新技术。

频振式杀虫灯　　　　　　　性诱剂诱捕器

## 57. 茭白长绿飞虱发生规律是怎样的？如何防治？

长绿飞虱是茭白的主要害虫，以成、若虫刺吸汁液，喜聚集在心叶和倒二叶上为害，严重时茭白全株枯黄，叶片卷曲枯死，并助长胡麻叶斑病、锈病的发生，受害植株长势衰弱，产量下降，甚至不孕茭。以滞育卵在茭白残留叶鞘、叶脉内和残株上越冬，翌年 3 月底至 4 月初孵化。越冬代和第一代若、成虫在老茭白上为害，并向新植茭田迁移，6～9 月是全年发生为害高峰期。卵单产或数粒排列在一起，成虫喜在嫩叶肋背面肥厚组织内产卵，以第 4 代后期或第 5 代的成虫产卵在叶鞘或叶脉内产滞育卵，越冬卵抗寒性较强。成虫为长翅型，对茭白有较强的趋嫩绿性。

防治技术上以越冬代为重点，一般在低龄若虫期，每亩用 10％吡虫啉 20 克，或 25％扑虱灵（噻嗪酮）35 克，对水 50～75 千克喷雾。施药前后保持田面 1.5 厘米水层。

### 58. 茭白大螟发生规律是怎样的？如何防治？

茭白大螟又叫紫螟、稻蛀茎夜蛾。大螟和二化螟一样均以幼虫蛀食心叶和茭白，造成枯心苗和废品茭白。该虫年发生 3～4 代，世代重叠，以幼虫在茭墩残株上越冬，3 月底越冬代开始化蛹，4 月下旬出现成虫，5 月中旬达羽化高峰。卵扁椭圆形，有 10～20 余粒排列成行，初产时乳白色，将孵化时灰黑色，苗期时多产在叶片上，拔节后大部分产在叶鞘上。初孵幼虫先侵入叶鞘集中为害，造成枯鞘，2～3 龄后钻蛀茎秆，前期造成枯心，孕茭时钻蛀嫩茎，降低产量与品质。

防治技术是冬季进行清园，消灭越冬幼虫；化蛹期间，结合搁田、浅灌水，使化蛹部位降低，到化蛹高峰时灌深水杀蛹。药剂防治同二化螟。

### 59. 茭白田福寿螺发生规律是怎样的？如何防治？

福寿螺原产于南美洲亚马逊河流域，属软体动物门，腹足纲，瓶螺科，瓶螺属软体动物，于 20 世纪 80 年代被引进我国。福寿螺个体大、食性广、适应性强、生长繁殖快、随灌溉水在田间及沟渠迅速扩散，危害性大。孵化后的幼螺稍长即开始啃食水稻、茭白等水生植物，尤喜幼嫩部分，它能咬剪植株主蘖及有效分蘖，致有效穗减少而造成减产，是为害水稻、茭白及其他水生作物的恶性有害生物。

防治技术为一是加强检疫，灌溉水口设置拦集网，严格控制扩散蔓延。二是加强田间管理，人工捕螺摘卵，减少福寿螺种群。三是利用茭白田套养养鱼、鸭、中华鳖来控制福寿螺。四是化学防治。6％密达（四聚乙醛）杀螺颗粒剂每亩用量400～550克，在田间均匀撒施或者拌细土5～10千克撒施防治。

## 60. 茭白田常见杂草有哪些？如何防治？

茭白田常见杂草有：满江红、空心莲子草、节节菜、鸭舌草、鬼针草、眼子菜、碎米莎草、鳢肠、千金子等。

防治技术为茭白出芽返青前，每亩用50％扑草净可湿性粉剂50克，加水40～50千克喷雾或拌细土20～30千克撒施。幼苗大量分蘖时，排干田水后用70％2甲4氯可湿性粉剂75～100克加水40～50千克喷雾，并晾晒一天。茭白移栽成活后，每亩用60％丁草胺乳油100～150毫升加水40～50千克喷雾或拌肥料撒施，施后田间保持3～5厘米水层2～3天，水面不超过茭白心；或者每亩用20％稻草宁40克拌细土20千克撒施于茭白行间，田间保持10厘米水深。

**链接**

茭田套养禽、鱼既可除去杂草，又可将杂草转化成禽、鱼的有机饲料，如在茭白田放鸭（鹅）除草。待茭白成株后，将鸭赶入水田中可吃掉部分杂草。此外，在水体中开展养鱼除草，也能收到良好效果。如草鱼对杂草的食量很大，对茭白田15科20余种杂草都有抑制作用。

## 61. 茭白病虫害农业防治技术有哪些？

（1）合理轮作　连年种植茭白的田块，由于田间病原菌及虫源积累多，病虫害发生逐年加重。为此，应做好合理轮作，控制病害。难以轮作的田块，清洁田园，在茭白采收结束后，排干田水，割除茭白残茬，铲除田边杂草，在冬季1～2月份期间，将田边地角的枯叶、杂草，集中销毁，可有效减少越冬病虫来源。

（2）合理密植　株行距掌握在0.5米×1.2米，每亩栽植950～1 200墩，每墩用苗2～3株，落田苗控制在2 500～3 500株左右。

（3）平衡施肥　应多施草木灰等磷、钾肥。增加土壤含氧量，提高根系活力，促进植株生长，增强抗病能力。一般每亩用腐熟厩肥1 500～2 000千克、钙镁磷肥50～70千克作基肥，茭白移栽后10～15天用尿素20千克，氯化钾10～15千克促分蘖，并配施适量的锌、硅、硼等微肥。

（4）科学灌溉　茭白植株蒸腾量大，苗期受旱会引起分蘖少长势弱，中后期长期深灌水，易加重病害。为此，在分蘖前期，要做到浅水灌溉，促蘖早发；中期发足苗后搁好田，梅雨季节适当搁田，可控制无效分蘖，防止茭株生长过旺；盛夏高温季节，活水串灌，以利孕茭。

（5）植株整理　剥去茭株下部老黄叶和无效分蘖，改善株间通风透光条件，减轻病虫害发生。剥老黄叶一般可进行2次，第一次在7月下旬，第二次在8月上旬。营养生长过旺的植株，也可适当剥一点青叶。注意剥叶时不能碰伤嫩芽，否则反而影响孕茭。

（6）增钙降酸　浙南山区土壤普遍偏酸，pH在5.5～6.2之间，连续多年种植茭白后，易诱发病害的加重发生。为降低土壤酸度，降解茭田有害物质，可在早春移栽前每亩施生石灰100～150千克，施后保水5天以上，能起有效的杀菌及增钙调酸作用，促使茭白植株生长稳健，增加抗逆力。

## 62. 统防统治在茭白植保中有何意义？如何实施？

茭白二化螟、长绿飞虱、锈病等病虫害是影响茭白产量和质量的重要因素，采用"五统一"为主要内容的病虫害统防统治技术，以解决一家一户防治病虫难的问题，提高防治效果，杜绝盲目用药、滥用农药的现象，减少农药残留量，提高茭白品质，同时采用机械化防治大大降低劳动强度，提高防效，并节省农药成本。

## 63. 统防统治的具体措施有哪些？

一是统一病虫测报。做好茭白二化螟、长绿飞虱、锈病、胡麻叶斑病、纹枯病等为核心的茭白病虫害预测预报，及时发布信息，通知到统防统治组织。

二是统一开方配药。根据田间病虫害发生情况，开出针对性的农药处方，由农资店统一配药送到基地。

三是统一组织实施。统一防治工作由村委或专业合作社负责实施，5 人一组，每天可喷药 40 多亩。

四是统一防治时间。连片基地实行统一时间集中防治。

五是统一喷药防治。采用射程可达 10 米的高压喷雾器喷药防治，提高喷药效果。

> 提示：开展统防统治的田块要集中连片，有利于开展机械作业，从而提高茭白安全生产水平。

## 64. 茭白病虫害防治中还有哪些注意事项？

一是茭白对铜制剂较敏感，应慎用；二是孕茭期应慎用杀菌剂，如必须用药，药液应以叶面刚好凝结水珠而不流淌为宜，以防杀死病菌的同时也杀死了黑粉菌，引起茭白不能孕茭或推迟孕茭；三是在病害特别是锈病防治上应成片联防联治，避免交叉重复侵染，提高防治效果；四是当病虫混发需多药混用时，应在当地农技人员指导下进行，各对口农药应交替使用；五是严格遵守各农药最多使用次数及其安全间隔期，严禁使用高毒高残留农药及明令禁用的农药，做到科学安全用药。

## 65. 茭田轮作有什么作用？

茭田实行轮作，能明显改善土壤的理化性状，特别是降低土壤的容重，增加土壤的通气透水性，改善土壤的团粒结构，提高土壤养分的释放和作物对养分的吸收；能减少田间杂草，减轻作物病害，特别是纹枯病和胡麻叶斑病，提高茭白的产量与品质。

## 66. 茭白可与哪些作物进行轮作？

茭白田的轮作有水田轮作和水旱轮作。水田轮作主要是茭白与水稻、席草、莲藕、荸荠、慈姑等作物的轮作。水旱轮作主要模式有秋茭—夏茭—夏秋白菜—茄果类越冬棚栽—秋茭；秋茭—夏茭—夏秋白菜或萝卜—秋冬菜—春茄果类—秋茭；秋茭—夏茭—秋茄果类—冬春菜—秋茭等。

知识点

浙江省台州市黄岩区的茭农在茭白种植上，还采用了一种畦沟对换的种植方式，也就是在同一田块种植茭白，每年整地移栽时把上一年茭白田的沟改为畦，把茭白田的畦改为沟。这种方式同样起到了一定的轮作效果，对克服连作障碍具有一定的作用。这种方式结合其它肥水管理措施，在黄岩当地一些田块连续种植茭白近十年，茭白同样没有明显的减产，品质不下降。

### 67. 茭田立体种养有什么作用？

茭田立体种养是指茭田在种植茭白的同时，套养鱼、虾、蟹、泥鳅、甲鱼、鸭子等经济动物来达到互利和增加收入的一种新型的茭田生态农业模式。它是利用茭白宽行种植、深水护茭的优势，达到既保护茭白实种面积，又充分利用茭田空间和水面资源进行养殖，通过鱼类或其他经济动物吃食有害生物，减少茭田农药使用量，同时，茭田养殖的动物残饵及动物粪便也是很好的有机肥料，对促进茭白生长有明显的效果，从而实现较好的经济、社会和生态效益。

### 68. 怎样进行茭田养田鲤？

（1）做好鱼沟　茭白田的田埂加高至40～50厘米，田埂顶宽要求达到35～40厘米，并要夯实，有利于茭田养鱼后提高水位，也可以防止漏水，倒埂，跑鱼等现象。田中要开好鱼沟和鱼坑，鱼沟可选择"口""井"或"工"字型，鱼坑一般开在田的两端，为长方形，深0.8～1.0米，面积占茭白田面积的5%～8%。鱼坑在茭白施肥、打药或搁田时，既可作为田鱼暂养或躲避的场所，也可作为田鱼的避暑场所。

（2）施足基肥　茭白田养鱼要求重施基肥，约占总施肥量的80%，每亩施腐熟的农家肥2 500～3 000千克，尿素15～20千克，过磷酸钙20～25千克。

（3）鱼苗投放　茭白移栽后一周左右即可在鱼沟或鱼坑内放养田鱼，每亩投放4～5厘米长夏花鱼苗300～500尾。同时还必须经常进行田间检查，防止田埂漏水、跑鱼，并消灭蛇、鼠等威胁鱼类的生物。

（4）病虫防治　养鱼的茭白病虫害防治必须选择高效低毒对鱼苗无害的农药。喷施农药时，必须掌握先加深田水，再喷施农药。喷施水剂，应在露水干后施用。喷施粉剂农药在早上露水未干时施用。喷施农药时喷头应朝上，防止药液直按喷入水中，对鱼苗造成危害。如发现鱼苗中毒，应立即换新水，稀释浓度，减轻农药对鱼苗的危害。

（5）田间管理　水层管理掌握浅水栽插，深水活棵，浅水分蘖，中后期逐渐加深水层，采收期深浅结合，湿润越冬原则。考虑到鱼苗的生长，水层不宜过浅。追肥应掌握前促中控后促的原则。施肥时结合耘田，同时摘黄叶、割枯叶，促进通风透光。从定植成活到封行，每隔 10～15 天耘耥一次，一般需 3～4 次。7～8 月应摘除植株黄叶 2～3 次，以利通风促进孕茭和鱼苗的光照。

（6）收获　初期茭白可 4～5 天采收 1 次，后期 2～3 天采收 1 次。抓捕鱼时，应缓慢排水，使田鱼随水游入田沟和田坑便于捕获。捕鱼时对鱼进行分类，较小的鱼苗放入备好的鱼塘进行饲养，作为第二年的鱼苗，较大的即进入市场作为商品鱼出售。

## 69. 怎样进行茭田养青虾?

（1）做好虾沟　沿田埂内侧距田埂 2～3 米处挖宽 3～5 米、深 0.8～1 米的环形虾沟，将其中一段虾沟加宽加深，挖成宽 4～8 米、深 1.5 米的暂养池。虾沟、暂养池占茭白田总面积的 10%～20%。同时建好进排水系，进水口用钢丝密眼网封好，严防进水时进入敌害生物。排水口除用钢丝密眼网封住外，其基础务必夯实。放养前 20 天，用生石灰消毒虾沟，待毒性消失后，加水使虾沟水位达 0.6～0.8 米，每亩施腐熟厩肥 500～800 千克，培肥水质。

（2）苗种放养　苗种可专池培育，也可直接在茭白田中就地培育，即利用一段虾沟或暂养池，用密眼网拦隔，放养前按每亩投放个体 4～6 厘米长的抱卵种虾 200～250 克，经过一个月，可育成规格 1.5 厘米左右的虾苗 1.5 万～2 万尾。在茭白移栽后 7～10 天，将虾苗投入套养茭白田之中。

（3）饲养管理　一是培肥水质，为青虾提供丰富的天然饵料。二是投喂饵料。虾苗刚孵出时，投喂黄豆浆加鱼糜制成的混合料，7～10 天后改喂配合饲料，也可喂麦麸、米糠等，适当投喂一些鱼肉、螺蚌肉、蚕蛹粉等动物饲料。7～9 月份以植物性饲料为主，自 10 月份起以动物性饲料为主。一般每天投饲 2次，上午 8 时、下午 6 时各投喂一次，上午投喂量占三分之一，下午投喂量占三分之二，饲料主要投放在虾沟四周的浅水处，日投饲量占在池虾体重的 5% 左右，并根据季节、天气、水质等变化灵活掌握。三是水分管理。虾苗放养初期，虾沟水深保持在 0.6～0.8 米，7 月份以后可加到 1 米以上，以便青虾进入大田摄食；秋茭采收前将水位降至 1 米以下，逐步把青虾引入虾沟。8～9 月高温季节，坚持每 7～10 天换一次水，每次换水三分之一。水质过肥时及时加水，以确保水质良好。四是日常管理。经常巡田，检查青虾摄食及水质变化情况，做好防汛、防旱工作，防止大雨冲垮田埂、漫田或水面过浅。发现蛙类、水蛇等敌害要及时清除。由于青虾对药物特别敏感，农药选用要特别小心，确保青虾安全。

（4）捕捞　青虾捕捞可用拖虾网捕捞，也可干捕（干沟捕捉）。捕捞时捕大留小，青虾 4 厘米以上的方可上市销售，4 厘米以下的留田继续饲养。

## 70. 怎样进行茭田养鸭?

（1）选择品种　茭白品种以单季茭为好，共育时间较长，而双季茭养鸭则茭鸭共生时间短，需要将苗鸭培育到一定大小时才能放入茭田。鸭子品种以选用"绍兴麻鸭"为宜。

（2）掌握密度　每亩放养鸭子 10～13 羽为宜，同时每一定面积区域用围栏进行分隔，防止鸭子打群。

（3）适时放鸭　共育期以有效分蘖末期至茭白采收初期为宜，时长 60 天左右，避免春茭幼苗期和秋茭分蘖期套养，防止鸭子伤害茭株。

（4）养萍护茭　茭田养萍既可肥田，减少施肥量，又可调节田间小气候，遮光调温护茭，有利茭肉"白、嫩、壮"，在茭鸭共育条件下，亦可为鸭子提供丰富的活食（虫类）和草、萍等饲料。共育期间要求保持田间水面长满青萍，一般每亩青萍维持量 2 000 千克左右。

茭白田养鸭

## 71. 怎样进行茭田养泥鳅？

（1）田块修整　在田块四周挖一条宽 2.5～3 米、深 1～1.5 米的环状鱼沟，四角各设 2.5 米宽的正方形鱼池一个，并加高加固四周田埂。

（2）水道整改　套养泥鳅的茭白田要有独立的进排水系统。进排水口要对角设置，这样，在加注新水时，有利于田水的充分交换。

（3）田块围栏　在田埂顶部每隔 1.5～2 米打上木桩，沿木桩围上尼龙网，尼龙网上端绑扎固定在木桩上，下端用泥块压实盖牢。尼龙网墙高度为 60~80 厘米，埋入底部 20 厘米。这样，既可预防泥鳅翻埂逃逸，又可防止蛇、蛙等敌害生物入侵。

（4）田块消毒　鳅苗放养前 10 天左右，每亩用生石灰 15~20 千克或漂白粉 1~2.5 千克，对水搅拌后均匀泼洒。

（5）施足基肥　在茭白田灌水前，每亩施腐熟的猪、牛等畜禽粪 600 千克左右，其中 250 千克均匀地施于鳅沟，其余的施在田块上并深翻入土，翻土时要注意保护好沟，做好放苗前的准备工作。

（6）鳅苗消毒　放养前用 1.5 毫克/升浓度的漂白粉溶液浸洗鳅苗，在水温 10~15℃时浸洗 15~20 分钟，或用 2.5％浓度的食盐水浸洗 30 分钟。

（7）鳅苗放养　待追施的化肥全部沉淀后（一般在茭白移植后 8~10 天），放养长 3 厘米以上的鳅苗，密度一般每亩 0.8 万~1 万尾。

（8）饲养管理　泥鳅食谱很广，喜食畜禽内脏、猪血、鱼粉和米糠、麸皮、豆腐渣以及人工配合饲料等。在具体投饵时应根据水质、天气、摄食等情况灵活掌握，做到定时、定位、定质、定量。

（9）日常管理　茭白移植和苗种放养初期可以浅灌水，水位保持在 10~15 厘米，随着茭白长高，鱼苗长大，水位要逐步加深至 20 厘米左右，使泥鳅始终能在茭白丛中畅游索饵。夏季高温季节要适当提高水位或换水降温，以利泥鱼度夏生长，进排水时不宜过急过快。每天坚持巡田，仔细检查田埂是否有漏洞，拦鳅网是否有破损、堵塞、松动，发现问题及时处理。

## 72. 贮藏保鲜在茭白生产中有何意义？

茭白在我国的分布是不均匀的，生产的区域受水域（降水量）、年平均气温等因素制约，主要栽培区域集中在长江流域及以南地区，其他大部分地区不能种植或仅有少量种植，不成规模；同时茭白产量高、上市集中，夏茭主要在 5～6 月份，秋茭在 9 月下旬至 11 月上旬，单季茭在 8～9 月，其他 7 个月时间基本上没有茭白上市。因此，茭白贮藏保鲜有利于缓解市场销售压力，延长供应时间，特别是有利于淡季供应，保障价格相对稳定。

### 73. 茭白采后的贮藏保鲜有哪些方法？

一是将采收的壳茭放在阴凉处，约可储藏 3～5 天；二是把壳茭放入冷藏库冷藏，储藏 2～3 个月，质量基本不变。冷藏的茭白薹管要适当留长，外壳多留一片叶鞘。

 知识点

壳茭：指切去茭白的薹管，并剥去外层叶鞘，留下里层 2～3 片长 30 厘米左右叶鞘的茭荚。

肉茭：指切去薹管，剥去全部叶鞘后的茭肉。

包装好的壳茭　　　　　　　　包装好的肉茭

### 74. 茭白如何保鲜储运？

茭白保鲜储运流程：田间采收→挑选→分级→预冷→包装→储藏→出库。

　　根据品种特性，适期采收。一般"露白"前采收为宜，留薹管1～2厘米。采收时以茭白自身温度最低时的早晨6～8时为佳，最晚不超过10时。在环境温度较低的阴凉处进行茭白处理，剪去过长的薹管，剔除青茭、受损茭及病虫茭等，并按等级分区放置。挑选分级完毕后立即进行预冷（一般采后6～8小时以内），若来不及挑选分级，也可先预冷。采用冷水浸泡是最好的预冷方式，也可采用简单强制通风预冷的方法，靠较强的冷空气快速排除热量，使产品温度快速降到2℃以下。处理后的茭白装入内置薄膜袋的纸箱内，入库储藏，每箱约20千克，四箱为一垛，堆放高度9～10箱，货垛堆码要牢固、整齐，保留适当间隙使库内冷气流循环，便于通风降温。每天检查设备运行状态，库内温度保持在-1～1℃。通常夏茭贮藏期为2～2.5个月，秋茭3～3.5个月。长途运输时，可在车厢内放置冰块，并在厢内留有一定空间，防止发热变质，有条件的全程冷链运输。

茭白分级包装

## 75. 如何加工盐渍茭白？

（1）工艺流程　去壳→剔除不合格品→第一道盐渍→弃液→第二道盐渍→半成品原料→包装出售。

（2）操作方法　一道腌制：将鲜茭白去壳、洗净、分切或整支，每 100 千克用盐 10 千克，另加入含盐 10％的盐水 50 千克，茭白上面加以一定重压。约过 3～7 天（因湿度而异，中间适当倒池），等茭白软化且食盐已基本渗入茭白内部即可进入二道盐渍。二道盐渍：将一道盐渍后的茭白弃液沥干，每 100 千克用盐 15 千克后密封加压，约经 15～30 天半成品茭白即成。包装出售：将盐渍半成品茭白称量包装真空封口后即可出售。消费者在购买了半成品盐渍茭白后，只需进行开袋脱盐即可用作菜肴的主料或配料。

## 76. 如何加工茭白干？

（1）工艺流程　鲜茭白→整理分切→热烫→冷却脱水→烘制→回软包装→成品。

（2）操作方法　整理分切：选择老嫩适度的茭白去壳清洗，根据需要分切成丝、片或自定形状。热烫：将整理分切好的茭白投入沸水中，依形状大小热烫 2～5 分钟不等，热烫完毕后速入冷水中冷却。脱水：将冷却后的茭白入尼龙丝袋于离心机中离心脱水，脱水完毕后分摊于烘盘中干燥。烘制：烘房温度先控制在 75℃左右维持数小时，而后逐渐降至 55～60℃，直至烘干为止。干燥期间需注意通风排湿，并且需倒盘数次，以利均匀干燥。回软包装：将干燥后的脱水茭白适当回软后即可进行包装出售。家庭制作也可在阳光下曝晒以代替烘干。

## 77. 如何加工软包装即食茭白？

（1）工艺流程　盐渍半成品茭白→分切脱盐→脱水→调

味→包装封口→杀菌→冷却→成品。

（2）操作方法　脱盐：盐渍茭白可根据需要切成不同的形状进行脱盐，脱盐量可根据需要灵活掌握。脱水：脱去盐分后的茭白需要脱去一定的水量才有利于调味，一般情况下，脱水量应掌握在30％左右为宜，过多或过少均会对调味效果及口感产生不良影响。调味：根据需要，可采用固态或液态方式调味，味型可选择鲜辣、甜酸、咖喱等味型以及适合不同地区消费的特定味型。包装封口：即食茭白的包装可选用透明或不透明材料，但应以符合食品加工要求，质感良好、封口性佳以及阻隔性好为标准。物料充填后采用真空封口。需要协调真空度、热封温度及热封时间的关系，其原则是必须保证有良好的真空度及封口牢度。杀菌：可采用高压或常压、蒸汽或水浴方式杀菌。冷却：杀菌完成后的包装产品应尽快冷却，待干燥，检验后即成为产品可随时出售。

## 78. 茭白秸秆的主要成分是什么？

茭白的秸秆中含有丰富的粗蛋白和粗纤维，氧化钾和铁含量较高，微量元素中二氧化硅含量最高。同时，游离氨基酸含量较高，其中丝氨酸最大，占总量的近三分之一，其他含量较高的游离氨基酸有甘氨酸、精氨酸、苏氨酸、丙氨酸、缬氨酸、亮氨酸等。因此，茭白秸秆适合作为食用菌的培养料和畜禽饲料。

## 79. 如何利用茭白秸秆种植大球盖菇？

（1）生产季节安排　春秋两季都可播种栽培，但以秋季播种温度最为适宜，菌丝生长快，出菇早，产量高，出菇高峰期正处于元旦、春节前后，鲜销市场好，经济效益高。

（2）田块选择与菇床整理　选避风向阳，排灌方便的田块，菇床整成龟背形，床高25～30厘米，投料播种前用石灰粉、多菌灵等药物对菌床及四周进行杀虫、灭菌消毒。

（3）茭白秸秆的选择与处理 选用新鲜、干燥、金黄、无霉变、质地较坚挺的茭白茎叶，先切成5～8厘米，也可捆成一把一把，在阳光下翻晒1～2天，再置于清水中泡2～3天后捞出，堆积发酵2～3天，使叶茎脱蜡变软，以利菌丝萌发。

（4）铺料播种 当料堆温度下降到30℃以下，含水量达到70%～75%时，即可铺料播种。

（5）发菌期的管理 主要工作是控温、保湿。料堆温度控制在22～28℃，培养料含水量保持在70%～75%，空气相对湿度85%～90%。

（6）覆土 通常25天左右菌丝即可长透料层。此时应在料面加盖3～4厘米厚的碎土，在覆土完成后再加盖一层稻草。

（7）出菇期管理 因大球盖菇菇体较大，需水量较高，原则是轻喷勤喷、菇多多喷、菇少少喷、晴天多喷、阴雨天少喷或不喷。

（8）采收 大球盖菇从现蕾到采收，高温期仅5～8天，低温期为10～14天。采下的菇削净泥土，即可上市销售，也可按外贸出口要求进行盐渍、干制和制罐加工。

**知识点**

　　大球盖菇是一种高档珍稀食用菌，味道鲜美，营养丰富。利用茭白秸秆种植大球盖菇，是一项创新的循环农业发展模式。该模式具有几大优势：一是栽培方法简单；二是原材料丰富，投资省，成本低；三是栽培周期短，见效快，与香菇6～8个月生长期相比，大球盖菇如栽培季节适宜，一般50天就出菇。四是产量高，效益明显。据浙江省磐安县种植户试种，每亩可产鲜菇1 200余千克，产值1.2万余元。而且种植后的废弃物就地还田，改良土壤，经济、生态效益可观。

茭白秸秆种植大球盖菇

# 莲 藕 篇

## 80. 莲藕有哪些种类？主要分布在哪里？

莲藕为睡莲科莲属多年生大型水生草本植物，在历史上有很多别名，如荷、芙蓉和莲等，直到 17 世纪徐光启撰写的《农政全书》才称之为莲藕，并一直沿用至今。莲藕中已分化出藕莲、子莲和花莲三大类型。藕莲南起海南，北至陕西、山西、河北、辽宁等省均有栽培，其中以长江流域为主。子莲主要产区在湖南、浙江、福建、江西等省，其湘莲、宣莲、建莲和赣莲并称"中国四大名莲"。花莲主要用于室外景观及盆栽观赏，目前已在广东、浙江、江苏、上海等省（市）有较大应用，主要用于水景设计和水体绿化。

**知识点**

我国莲子以湖南湘潭县产的湘莲，福建建宁县产的建莲，浙江宣平县（现武义县）产的宣莲和江西广昌县产的赣莲最为著名，栽培历史都有上千年，曾一度作为滋补佳品供奉朝廷，被称为中国的四大名莲。目前，空心干莲依然是这些地区的支柱产业，产品远销海内外，并结合地方民俗形成了多种多样的莲文化，同时衍生出农业观光、旅游、养生等产业。除四大名莲外，浙江省丽水处州白莲和建德里叶白莲也享有盛名，栽培面积稳定，产业发展前景看好。

## 81. 莲藕植株有哪些形态特征？

莲藕根状茎横生，内有通气孔道，生长前期称走茎或莲鞭，莲鞭向前生长形成节，节上包被黑色鳞叶，上生叶片和花蕾，下生须状不定根，并有芽头向前继续生长习性。莲藕主根不发育，不定根着生节处，成束地环绕排列在节的四周。生长后期前端数节明显膨大变粗成藕，节部缢缩，肉质肥厚。幼苗期的根较少，成株期的根较多。在生长时期根呈白色或淡紫红色，藕成熟后，根变为黑褐色。

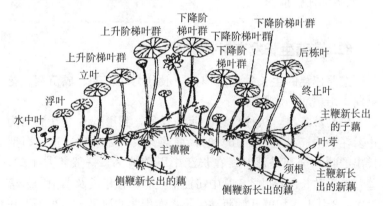

莲藕全株形态

莲藕的叶有 3 种，实生苗的幼苗期浮在水面的叶称钱叶，又叫荷钱；浮于水面的叶称浮叶；伸出水面的叶称立叶。莲藕的叶片呈盾状圆形，全缘波状，幼时两侧内卷成梭形。叶上表面黄绿色至深绿色，具有蜡质白粉，下表面灰绿色（个别品种呈浅紫红色）。莲藕两性花，花型、颜色、花径大小和花瓣数目因品种而异。莲子为果实和种子的总称，系子房发育而成。莲子是小坚果，呈椭圆形、卵形或卵圆形，棕褐色、灰褐色或黑褐色。莲子即是种子，由种皮、子叶和胚 3 部分组成。

知识点

　　莲藕分为藕莲、子莲和花莲三种栽培类型，在植株形态上具有显著的差异，藕莲具有膨大的地下茎，但花量少或无花，结实也较差，食用部分为藕；子莲地下茎较细，花量大，第三片立叶开始，基本上一叶一花，结实较好，食用部分为莲子；而花莲一般表现为较细弱的地下茎，花多但结实差，甚至雄蕊、雌蕊都发生瓣化，无法有性繁殖。

## 82. 莲藕生长发育期有哪些？

　　按照莲藕的生长发育规律，一般分为幼苗期、成苗期、花果期、结藕期、休眠期。

　　（1）幼苗期　从种藕芽头萌动开始，到第一片立叶展出为止。在平均气温上升到 15℃时，莲藕芽头开始萌动，这一时期长出的叶片全部是浮叶。在长江中下游地区，一般 4 月上旬，莲开始萌动长出浮叶，5 月中旬抽生立叶。在华南及西南的云南地区，3 月上旬就开始萌动生长，而华北的河南、山东等地在 4 月下旬或 5 月上旬才开始萌动生长。东北地区要到 6 月上旬才开始萌动。

　　（2）成苗期　从出现第一片立叶开始到现蕾为止。长江中下游流域一般从 5 月中旬开始进入成苗期。这一时期的典型特征是植株生长速度加快，叶片数不断增加，总叶面积加大，自身光合作用的效率加强，营养物质的形成与积累也在加速，在短期内形成一个庞大的营养体系。

（3）花果期　从植株现蕾到出现终止叶为止。莲藕的花是陆续开放的，花期一般延续 2 个月左右。开花的多少因品种而不同，子莲在长出 3～4 片立叶后，基本上是一叶一花。而藕莲的花较少甚至无花，且结实率较低，颗粒不饱满。长江中下游流域一般 6 月开始现蕾开花，7～9 月为盛花期。

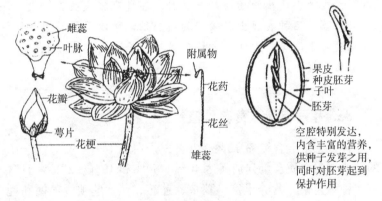

子莲开花结实

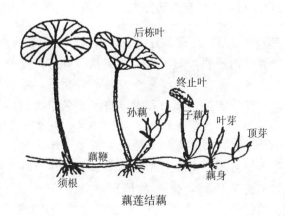

藕莲结藕

（4）结藕期　从后栋叶出现到植株地上部分变黄枯萎为止。莲生长到一定时期，根状茎开始膨大形成藕，早熟品种一般在 6 月下旬，中晚熟品种在 7 月下旬或 8 月上旬进入这一时期。子莲同样会结藕，但一般较细小，食用价值较低，只用于繁殖。

（5）休眠期　从植株地上部分变黄枯萎，新藕完全形成后，直到第二年春天叶芽、顶芽开始萌发为止。长江流域一般在 10 月下旬到第二年 3 月为藕的越冬休眠期。

> 提示：莲藕的物候期与品种、环境有较大关系。大多数藕莲品种表现出了较好的适应性，所以藕莲的引种难度较小，从南方到北方均有种植。子莲则集中在长江流域地区。

## 83. 莲藕有什么营养价值？

莲藕中一般含淀粉 10％～20％，蛋白质 1％～2％，莲子中的淀粉和蛋白质含量分别高达 40％～50％和 19％～22％，且含有多种维生素，营养丰富。藕节、莲芯、花、莲须、莲梗和莲叶蒂等可入药。荷叶是简易包装的材料。莲子壳、莲蓬壳含有单宁，可作染料，也可制作活性炭。

> 专家告诉您：莲藕品种很多，以藕作为产品的藕莲，因淀粉含量的不同，表现出不同品质和口感，淀粉含量较高的品种，适宜于采挖完全成熟的老熟藕，用于煨汤炖食。而淀粉含量较低的品种，适宜于采挖嫩藕，用于生食、炒食用。以莲子作为产品的子莲，通常加工成为通心干莲，但近年来育种单位培育出了一些专供食用新鲜嫩莲子的品种，例如浙江省金华市农业科学研究院选育的'金芙蓉 1 号'，甜嫩爽口。

## 84. 莲藕的生长发育需要什么样的环境条件？

莲藕为喜光、温植物，藕田应四面空旷，有充足的日照条件。充足的阳光可以促进莲藕植株生长，光合作用强，营养生长旺盛，有利于养分后期的积累。在其整个生长季节最适气温为 25～35℃，水温为 24～29℃。萌芽始温要求在 15℃以上，否则幼苗生长缓慢，长时间低温可能会导致停止生长和烂苗。

莲藕的地下茎、叶柄、花梗、叶片中有发达的通气孔道，保证了植株在水中的呼吸和新陈代谢的需要。莲藕对水位的要求，因品种不同而有所不同。野生的红莲可以在 1 米以上水深的湖中生长，深水塘藕能适应 1 米以内的水深，浅水田藕水深不能超过40 厘米。同一品种在不同生育期对水位的要求也不同，幼苗期要求浅水，成苗期和花果期要求稍深一些，结藕期又要求浅水。

莲藕对土壤质地有较强的适应性，但土质肥瘦影响莲藕的生长发育、产量和品质。莲藕一般要求土层深度 15～25 厘米，pH 值 5.6～7.5。

## 85. 藕莲的主要品种有哪些？

'东河早藕'　　金华市农业科学研究院与义乌市东河田藕合

东河早藕

作社等单位从金华地方品种金华白莲的变异单株中选育而成。表现为特早熟，适宜浅水栽培，入土约 20 厘米。露地栽培，在浙江春藕生育期约 77 天，6 月中下旬采收，夏藕生育期约 76 天，8 月中下旬采收。双季复种亩产约 3 400 千克。

**'鄂莲 1 号'** 武汉市蔬菜科学研究所从上海地方品种系统选育而成。早熟，株高 130 厘米，叶浅绿，叶柄弯曲较细，花白色，开花少。横断面椭圆形，横径 7 厘米，节间较短而均匀，皮色乳黄，单支重 3～5 千克。长江流域 4 月上旬定植，7 月上旬亩产青荷藕 1 000 千克，9～10 月后亩产老熟藕 2 000～2 500 千克。宜炒食。

'鄂莲 1 号'

**'鄂莲 5 号'** 武汉市蔬菜科学研究所杂交选育而成。表现

'鄂莲 5 号'

为中熟，长江中下游地区 4 月上旬定植，7 月中下旬亩产青荷藕 500～800 千克，8 月下旬亩产老熟藕 2 500 千克。生长势旺不早衰，抗逆性强，稳产，可炒食或煨汤。

'鄂莲 6 号'　　武汉市蔬菜科学研究所杂交选育而成。表现为中熟，长江中下游地区 7 月下旬至 8 月上旬收青荷藕，成熟后，亩产老藕 2 000～2 500 千克，可炒食或煨汤。

'鄂莲 6 号'

'鄂莲 7 号'　　武汉市蔬菜科学研究所杂交选育而成。表现为早熟，长江中下游地区 6 月上中旬亩产青荷藕 1 000 千克，9 月上旬亩产老藕 1 900 千克，可炒食或煨汤。

'鄂莲 7 号'

'**杭州白花藕**'　　浙江省农家品种，唐代就有记载，全省各地均有分布，以湖州市道场镇、杭州市古荡镇等地最为有名。中晚熟品种，4 月中旬种植，9 月上旬至翌年 3 月均可采收，生长期 180 天。主藕 4～5 节，重 980 克左右，藕把长，藕身圆筒形，表皮黄白色，顶芽玉黄色，花白色，外瓣尖端粉红，浅水田栽，子藕共重 450 克，整支全藕重 1.4 千克，亩产 1 200～1 500 千克。质细嫩，味甜，宜生食，品质好。

'杭州白花藕'

'**澄江藕**'　　云南玉溪市澄江县地方品种，中晚熟，当地 3 月底至 4 月初定植，210 天收获，耐瘠，耐深水。株高 108 厘

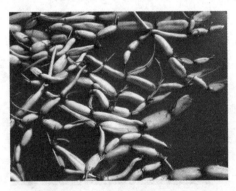

'澄江藕'

米，叶径 44 厘米，主藕 3～4 节，藕节长，圆筒状，单支重 0.3 千克，亩产 1 500～2 000 千克。皮白肉厚，皮孔少，顶芽淡黄色，品质较好，炒食、炖食皆宜，可磨藕粉。

**'苏州无花藕'** 又名无花早藕，江苏苏州市地方品种。早熟，主藕 3～4 节，藕身粗短，圆整，皮光滑，玉黄色，顶芽黄玉色，叶芽灰玉色，无花，浅水田栽，亩产 800～1 200 千克，质脆嫩，少渣，宜生食，品质好。

**'扬藕 1 号'** 扬州大学农学院园艺系用扬州早白花与慢荷杂交选育而成。早熟，主藕 4～5 节，藕身圆筒形，皮玉白色，叶芽黄绿色，花粉红色，浅水田栽，亩产 1 300～1 500 千克，质嫩脆，生熟食均可，品质好。

**'科选 1 号'** 扬州大学农学院园艺系和江苏宝应县科委共同从宝应大紫红的变异单株中选育而成。中熟，5 月上旬选种栽植，从种植到始收 125～130 天。主藕 4～6 节，藕身粗长圆筒形，表皮米白色，叶芽红色，花少，白色，尖端微红，叶柄红色，中水位田栽。主藕重 2.0～2.5 千克，子藕重 0.5～1.0 千克，全藕 2.5～3.5 千克，亩产 1 700～1 900 千克。质嫩脆，味甜，生熟食均佳，品质好。

**'飘花藕'** 安徽合肥市郊区地方品种。中熟，主藕 4～6 节，藕身粗方筒形，皮黄玉色，顶芽黄玉色，叶芽紫玉色，无花，中水田栽，亩产 2 000～2 500 千克，质嫩脆，粉而无渣，易煮烂，生食、炒食、煨汤均佳，品质好。

**'无锡白荷'** 江苏无锡市郊区地方品种。中熟，主藕 3～4 节，藕身粗长圆筒形，皮黄玉色，叶芽黄玉色，无花，浅水田栽，亩产 1 200～1 500 千克，质脆嫩，粉甜少渣，易煮烂，生食、熟食均可，品质好。

**'雪湖藕'** 又名泄湖藕，原产安徽潜山县泄湖。表现为中熟，主藕 5～6 节，藕身长圆筒形，上有明显凹槽，皮黄白色，叶芽黄玉色，花少，白色，中水湖塘栽种，中熟，亩产 1 500 千克左右，质嫩脆味甜，粉而无渣，宜熟食，品质好。

'**慢藕**' 又名慢荷、蔓荷，江苏苏州市郊地方品种。中熟，主藕 5～6 节，藕身长圆筒形，皮黄白色，叶芽黄玉色，花粉红色，浅水田栽，亩产 1 100～1 400 千克，质细嫩，渣少，宜熟食，品质好。

'**大紫红**' 江苏宝应县地方品种。中熟，主藕 4～5 节，藕身长圆筒形，皮米白色，叶芽紫红色，花少，粉红色，中水位湖塘栽种，亩产 1 500～2 000 千克，生熟食均可，品质好。

'**浙湖 2 号**' 浙江大学农学院园艺系从湖州地方品种迟白荷的优变单株中选出。表现为晚熟，主藕 4～5 节，藕身长圆筒形，亩产 1 400～1 500 千克，质细，品质好。

'**芝麻湖藕**' 湖北浠水县巴河地方品种。晚熟，主藕 3～4 节，藕身长圆筒形，皮黄玉色，顶芽黄玉色，叶芽紫玉色，花红色。深水湖塘栽种，亩产 1 000 千克左右，质嫩脆，味甜，粉而易煮烂，生熟食均可，品质好。

## 86. 藕莲如何选择种植田块？

藕莲以适宜栽培水深可分为浅水藕（水深 10～25 厘米）和深水藕（水深 50～100 厘米）。浅水藕多为水田栽培，要求日照充足、水位稳定、土质肥沃；深水藕则在浅湖、河湾、池塘栽种，一般一次栽植，多年采收，每亩用种量比浅水藕增加 20% 左右，栽植期要比当地浅水藕推迟 10～15 天，为防风浪伤害，应在藕塘四周种植芦苇或者茭白来防风消浪。

## 87. 怎样选择藕莲的种藕？

一般要求种藕具备 1 个或 1 个以上顶芽，整株 2 节以上，没有大的机械损伤，无病虫为害、无冻害、新鲜并具有较强活力。采挖的种藕应该尽快定植，长时间放置易造成失水，影响成活率。种藕皮色、芽色、形状等具有本品种特性，纯度不低于

90%。需要短途运输的种藕，应适当带泥和保持湿润，这样的种藕定植后能迅速复壮。

> 提示：藕莲的种藕就是商品藕，因此种藕一般选用节少、重量轻的侧藕，商品性好的主藕作为商品藕出售，这样既不会影响当年的效益，也不会影响第二年的产量，有效地降低了种苗成本。

## 88. 藕莲的用种量是多少？

藕莲栽种密度因品种、肥力条件和水深而定。一般早熟品种密度要大，晚熟品种密度要稀，瘦田稍密，肥田稍稀，深水田比浅水田密度增加 20%。一般早熟栽培亩用种量为 350～500千克，中晚熟栽培亩用种量为 250～300 千克。以'东河早藕'为例，在设施栽培条件下，由于生长周期短，又以采挖嫩藕为主，用种量一般为每亩 500 千克，用种量太小会严重影响早熟藕的产量。

## 89. 藕莲什么时候定植？如何定植？

露天栽培条件下，当平均气温上升到 15℃ 以上，土温达10℃ 以上时定植。长江中下游地区一般在 4 月上旬，华南、西南相应提前 15～20 天，华北地区相应延后 15～20 天。深水田比浅水田推迟 15～20 天。设施栽培条件下，一般在 2 月底 3 月初进行定植。

早熟栽培行距 150～200 厘米、穴距 120～130 厘米；中晚熟栽培行距 200～250 厘米、穴距 150～200 厘米。每穴排放整藕 1 支或子藕 2～3 支，根据具体水深、品种、土壤肥力等条件对定植密度可适当调整。种藕按 10°～20° 角度斜插入泥土，藕头入泥 8～12 厘米，藕梢翘露泥面，覆盖一层泥土防治种藕漂浮。田块四周边行定植穴内藕头全部向内，定植行分别从两边相对排放，至中间两条对行间的距离加大至 3～4 米。定植是拉线对齐，这样植株分布整齐规范，在封行前留出有清晰的操作道，便于后期的管理。

## 90. 藕莲如何施基肥?

整地前做好田园清洁。定植前 15 天整地施基肥，每亩施腐熟厩肥 3 000 千克、磷酸氢铵 60 千克及复合微生物肥料 180 千克，亦可每亩施复合肥 50 千克加尿素 20 千克，深耕 20～30 厘米，整地耙平，放入 3～5 厘米浅水。整地翻耕施基肥的同时，每亩施生石灰 50～80 千克。

## 91. 藕莲如何施追肥?

一般藕田都要分期追肥，在栽藕后 30～40 天，刚长出立叶时应追施发棵肥，以促进分枝和出叶，每亩施尿素 10～15 千克或腐熟厩肥 1 500 千克。到田间已长满立叶、部分植株出现后栋叶时，即地下开始结藕时，重施结藕肥，每亩施尿素 20 千克，另外加过磷酸钙 20～25 千克，以促进新藕增大。如植株生长不旺，立叶少而小，可在两次追肥中间再增施一次。每次追肥前应尽量放浅田水，在露水干后撒施到田面，尽量不要撒到叶片上，以防灼伤，施后 1 天还水。

## 92. 藕莲为什么要转藕头?

莲藕生长旺盛时，为防止地下茎穿越田埂，造成品种混杂，应随时将指向田埂的藕梢向田内拨转，每 3～5 天查看一次，藕梢很嫩，转头时要特别小心，以免折断。

## 93. 藕莲栽培对水位有何要求?

一般生长前期保持 5～10 厘米浅水，以便土温的升高，促进生长。生长中期，即发生分枝和出现立叶以后应逐渐加深水位，一般到 20 厘米左右，以促进立叶的逐张高大，抑制小分枝发生，提高大分枝结藕率，后期立叶满田，出现后栋叶时应将水位降到 10～15 厘米，以促进结藕。种植田藕水位控制的基本规律为：浅—深—浅，大雨及时排水。

## 94. 藕莲如何采收与留种？

根据市场行情及生长发育进程，择期采收。藕莲采收一般采用人工采挖的方式，一人一天只能挖 150～200 千克藕。近年来，使用高压水枪采藕已替代了人工挖藕，一人一天可采藕 450～600 千克，是传统方式的 3 倍，并且劳动强度降低。

留种用的藕莲要单独种植，进入花期后，宜 10～15 天巡查一遍，将与所繁品种有异的植株挖除，并及时摘除花蕾和莲蓬。种藕采挖时，应对皮色、芽色、藕头与藕条形状等再次鉴别，将与所繁品种有异的藕支及感病藕支予以剔除。

知识点

### 高压水枪采藕

近年来，高压水枪采藕在全国各地莲藕主产区迅速推广，原理是高压水泵、水管和高压水枪头组成的系统能喷出高压力的水柱，利用这套系统冲刷藕周围的泥，使其松动后轻松地将藕从泥土中拉出。主要技术难点是通过枯荷杆确定土壤中结藕的位置，这需要丰富的经验。还有一些莲藕产区开发出的采藕机，也同样是应用了高压水枪采藕的原理。不过，高压水枪适合于采挖老熟的藕，如秋冬上市的晚熟田藕、塘藕，若脆嫩、适于炒食的早熟藕不能用此方法，容易造成机械损伤，影响产量和商品性。

高压水枪采藕

## 95. 种藕如何贮运？

种藕一般留在大田中越冬，到第二年3～4月份采挖后及时定植。短途运输时，宜散装堆码。装车时，应朝一个方向码放，轻拿轻放，顶芽向内，并一般堆码高度不超过1.5米。如要较长时间贮藏或较远距离运输时，需要对种藕进行清洗、消毒、包装。如没有较好的包装条件，应采挖种藕时适当带泥，水分不宜太多，否则气温稍高就容易变质，堆码时应该尽量压实，少留空隙。运输车辆在行驶时车速不应太快，忌强烈的颠簸和急刹车，车厢应该留有通风换气口。另外，在种藕贮运时，应注明品种名称、繁殖地、供种者、采挖日期、数量等标记，防止混杂。

## 96. 藕莲设施栽培有哪些模式？其效益如何？

藕莲的设施栽培有三种模式，分别是小拱棚覆盖栽培、大棚覆盖栽培和打孔地膜覆盖栽培。以浙江省金华市'东河早藕'为例，运用大棚覆盖栽培，早藕5月初即可采挖上市，比露地栽培上市期提前30天左右，虽然早熟藕产量只有1 000千克左右，但市场平均价格12～15元/千克，亩产值约1.2万～1.5万元。而应用小拱棚覆盖栽培和打孔地膜覆盖栽培，早熟藕6月上旬可采挖上市，比露地栽培上市期提前15～20天左右，早藕产量约1 500千克左右，市场平均价格7～8元/千克，亩产值约1万～1.2万元。设施栽培的早藕，采挖上市的时间越早，价格越高。但采挖不宜过早，需要等地下膨大成藕，并长到一节半或两节，达到一定产量的同时确保品质。也不要采挖过晚，产量虽然提高了，但市场价格下滑，并且更高的产量无形中增加了采挖成本。

专家告诉您：大中棚覆盖栽培技术要点：①选用早熟品种，如'东河早藕'；②加大用种量，提高定植密度。一般每亩用种量250～300千克；③提早定植，一般在2月中旬定植，比露地提早15～30天；④及时采收，一般从5月中下旬开始采收，比露地早熟栽培提早15～20天。从定植到萌发期间，外界温度较低，棚膜要密闭，尽量提高棚内温度。在棚内温度高于35℃时，棚两端打开通风。棚内温度最高不能超过40℃。日平均气温23℃以上时，揭除覆盖。

打孔地膜覆盖栽培是义乌东河田藕合作社和金华市农业科学研究院2006年开始进行试验，并获得成功，现在该技术已在金华地区推广。其主要优点是早熟、节水、增产，综合效益高。其技术要点为畦面平整，畦面宽150～180厘米，沟宽20厘米，深5～10厘米。每畦定植2行，行距100厘米，穴距150厘米。定植时，种藕斜插入泥，藕梢入泥面以下即可，藕头入泥深10～15厘米。定植时间比露地栽培提早20天左右。覆盖用膜宽170～200厘米、厚0.005毫米，覆膜应严实，紧贴泥面。前期厢畦沟内灌水即可，气温升高后开始畦面淹水。

浙江特早熟双季设施田藕
钢架大棚栽培

小拱棚栽培

## 97. 什么是微型种藕？具有什么特点？

微型种藕是在试管藕的基础上繁育而成。试管藕经过驯化后，转大田进行繁殖，形成微型种藕。微型种藕单支重250克左右，具3～4节，带有4～5个芽，具有繁殖速度快、体积小、用种量少（每亩用种120～150支，总重量30～40千克。常规藕种每亩用种量200千克左右）、便于运输、无毒、节本、省工、高效等常规种藕不可比拟的优势，栽培技术简便易行，利于农民掌握，主要用于取代莲藕传统栽培用种，加速莲藕品种更新换代。但由于微型藕前期生长较常规藕弱，中后期生长较常规藕旺，所以早熟品种不宜用微型藕，中晚熟品种可大面积推广微型藕种植。

莲藕组培苗　　　　　　　　微型藕

## 98. 子莲品种有哪些？

'金芙蓉1号'　　金华市农业科学研究院、武义县柳城镇农技推广站等单位经杂交选育而成的鲜食子莲新品种。表现为结实率高、鲜食口感好，花朵玫红色、碗状、重瓣，具有较高的观赏性。亩产通心干莲 85～90 千克或鲜莲蓬 5 300 只，亩种植效益 6 000 元以上。目前，已成为现代农业观光园区、旅游景区大力推广的品种。

'金芙蓉1号'

'太空莲36号'　　江西省广昌县白莲科研所通过卫星搭载诱变培育的子莲新品种。表现为生长势较强，花果期、采摘期特长，花淡红色，籽粒圆滑有光泽，通心干莲百粒重约103克，亩产通心干莲90～100千克，品质好，但抗病性稍差。

'太空莲36号'

'建选17号'　　福建省建宁莲科所通过杂交选育的子莲新品种，表现为长势强、蓬大粒多、结实率高、高产稳产、适应性广等特点。花单瓣，花色白爪红，心皮25枚左右。莲子卵圆形，通心干莲百粒重约112克，亩产通心干莲110千克左右。

'建选17号'

'**建选 35 号**'    福建省建宁莲科所通过杂交选育的子莲新品种。表现为植株高大、蓬大粒多、颗粒较大、高产稳产等特点，花单瓣，花色深红，心皮 28 枚左右。莲子卵圆形，通心干莲百粒重约 110 克，亩产通心干莲 110 千克左右。

'建选 35 号'

'**京广 1 号**'    江西省广昌县白莲科学研究所用太空莲 3 号经离子注入方法选育的子莲品种。表现为长势旺盛、花量多、结实率高和高产稳产等优点，花单瓣，红色，心皮 14～17 枚，亩产莲蓬 5 500 个左右，平均亩产通心干莲 110 千克左右。

'**湘莲**'    又名寸三莲，湖南省湘潭县农家品种，现分布湘中各子莲产区，湖北、河南等也有少量分布。早熟，4 月下旬种植，8～10 月采收，从种植到采收莲子 110 天左右，采收期 30～40 天。立叶高 136 厘米，叶色绿，叶片较薄，叶柄色浅绿，基部绿褐色，花红色，单株开花数 20～32 朵，莲蓬扁圆形，蓬面凸，心皮 19～26 枚，通心干莲百粒重约 98 克，亩产通心干莲 50～60 千克。

'**赣莲 62**'    江西省广昌县白莲科学研究所采用复合杂交育成的品种，现分布江西子莲产区及福建、浙江和湖南部分产区。

早熟，3月下旬至4月上旬种植，6月底至9月底分次采收，种植至开花56天，种植至采收85天。花冠红色，莲蓬横径12厘米左右，每蓬结子25粒左右，通心干莲百粒重约100克，亩产通心干莲70～80千克。

'**处州白莲**'　浙江省丽水市富岭乡农家品种，栽培历史已有1 400多年。主要分布在丽水城郊。中早熟，当地3～4月种植，6月下旬始收，种植至开花110～120天，种植至采收140～150天，持续采收80～110天。花多而大，粉紫色，莲蓬横径18～20厘米，每蓬结子10～20粒，通心干莲百粒重约100克，亩产通心干莲45～60千克。

　　莲蓬：又称莲房，莲花开花结果后的花托，倒圆锥形，里面有莲子。

　　通心干莲：去壳去芯后烘干的莲子。

## 99. 子莲栽培与藕莲栽培在技术上有哪些不同？

　　子莲栽培以生产莲子为目的，因此栽培技术与藕莲栽培有所不同。首先，藕莲成熟期一致，可在田间短期贮藏，一次采收或分批采收，而子莲陆续开花和结果，分期成熟，因而要多次采收，如果采收嫩莲鲜销，盛产期通常隔天就要采收一次。其次，藕莲的产品是膨大的地下茎，属于营养器官，肥料以氮、钾肥为主，磷肥适量配合；而子莲的产品为种子，属于生殖器官，应适当增施磷肥，开始采摘后，要多次补施壮子肥，直至采摘结束。再者，藕莲到生长旺期叶片全面封行，茂盛的叶片具有较大的光合面积，有利于地下营养器官的早熟丰产，而子莲到生长旺期叶片封行后，常因通风透光不足，造成结实率下降，因此对已采收莲蓬的老叶要及时摘除，以改善田间通风透光条件，促进后期莲蓬的生长。最后，子莲生育期长，无霜期需在 230 天以上，不及藕莲的适应性广。

　　结实率是指单个莲蓬最终结实得到的莲子数与莲蓬上的孔数的比值。通常，适宜大面积推广的高产子莲品种，结实率一般都在 80％ 以上，如结实率较低有可能是周围缺乏蜜蜂等虫媒授粉或者土壤中缺乏硼元素。

## 100. 子莲的种植密度是多少?

　　长江中下游地区在 3 月底至 4 月初定植子莲。一般每亩定植 150～200 株，每株具主藕和子藕各 1 支，株行距 1.1～1.5 米×3 米为宜，定植方法同藕莲。

　　专家告诉您：福建省建宁县的建莲系列品种植株高大，长势旺盛，种藕也较大而粗，一般亩用种 150 株，而浙江武义、湖南湘潭和江西广昌的宣莲、湘莲和赣莲种藕略小，每亩用种量约 180～200 株。

## 101. 子莲如何施基肥?

　　结合整田，每亩施腐熟厩肥 2 500～3 000 千克，生石灰 40～50 千克，或绿肥 3 000～3 500 千克，或腐熟饼肥 150～200 千克加过磷酸钙 50～100 千克。施基肥后，对田块进行翻耕耙平。

## 102. 子莲如何追肥？

子莲追肥分 4 次：早施立叶肥，稳施始花肥，重施花蓬肥，补施后劲肥。当植株长出 1～2 片立叶时施立叶肥，亩用尿素 20 千克。在花芽开始抽生时施始花肥，亩用尿素 5 千克、复合肥 10 千克，加适量硼、镁、锌等微量元素肥料拌匀施用。在花蓬生长高峰期，养分消耗极大，应及时施花蓬肥，可每 15 天追肥一次，每次亩用复合肥 15 千克、尿素 7～8 千克、氯化钾 3～4 千克，并加适量微量元素拌匀撒施。为了防止子莲后期脱肥早衰，增加子莲后期产量，在后期补施一次后劲肥，亩用尿素 5 千克。

## 103. 如何提高子莲的结实率？

花期放蜂能显著提高子莲的结实率，每亩需放中蜂 3 箱。放蜂应在花期来临前将蜂箱提前搬到园内，让蜜蜂适应周围环境，待开花时及时授粉。蜜蜂为莲田授粉，不但莲子增加产量，还可收获荷花粉，实现双重收益。

## 104. 子莲生长期内为什么要摘荷叶？

子莲在生长期摘叶的目的是减少养分消耗，有利通风透光。子莲封行时摘除部分浮叶、枯黄的无花立叶；盛花期分 1～2 次摘除无花立叶，包括死蕾的立叶；莲蓬采摘期，每采摘一个莲蓬，随手摘除同一节上的荷叶，但分布稀疏的荷叶不要摘取。摘立叶时注意叶柄的断口不得低于水面，以免通气道进水而烂藕。秋季天气转凉气温降到 25℃ 以下时，田间立叶较少，不能再摘老叶，而应保护叶片，以利地下结藕留种。

## 105. 鲜食子莲怎样采摘？

鲜食子莲要在莲心未长成之前采摘，否则吃起来较苦。同老熟莲子采摘一样，鲜食子莲也要连续多次采收，如种植面积较大，应每天采收，当天上市销售。由于不同品种间存在差异，鲜食子莲没有明确的采收标准。一般莲蓬下垂至 90°，子莲外壳呈绿色或黄绿色，子莲与莲蓬孔格结合紧密，莲蓬蓬面开展充分并没有突起时采摘为宜，太早莲肉少而涩，太晚莲肉老而莲心苦。6 月是莲蓬初采期，莲蓬数量少，可 3 天采摘一次；7～9 月是莲蓬盛采期，应每天或隔天采摘一次；9 月下旬至 10 月是终采期，天气转凉，果实发育慢，可 3～4 天采摘一次。

## 106. 怎样采收老熟莲子？

当莲蓬出现褐色斑纹，莲子与莲蓬孔格之间尚未分离，莲子果顶略带紫色，为采收适期。老熟莲子的采收要成熟一莲，采收一蓬，隔日采收一次。采摘期一般为 6 月底至 9 月底。

## 107. 莲藕有哪些主要病害？如何防治？

（1）腐败病  属真菌性病害，主要侵害莲藕地下茎部，造成变褐腐烂，并导致地上部枯萎。地下茎受害初期症状不明显，后期病茎、莲鞭和根出现不规整褐斑，剖视病茎，中心处维管束褐变。受害植株叶片色泽变淡，随后叶缘出现水渍状萎蔫，最后致整片叶卷曲枯死。病菌以菌丝体在种藕内或土壤中越冬，带菌的种藕和田块是本病的主要初侵染源。由于该病首感部位是在地下水生环境中，不易发现也不利于用药，加上荷叶吸收较差，化学药剂防治效果欠佳，主要以农业综合防治为主，提早预防是关键。发病初期，及时拔出病株，每亩用 50%多菌灵＋75%百菌清可湿性粉剂 500 克拌细土 50 千克，拌匀后堆沤 3～4 小时撒施于浅水藕田中，并同时用 50%施保克 1 000 倍液叶面喷雾，隔 7～10 天 1 次，连续 2～3 次。莲藕生长旺盛期发病，每亩用 33.5%喹啉酮 1 000 倍液＋70%安泰生 600 倍液叶面喷雾，连续喷药 2～3 次。也可在 5 月中旬，将藕田水排干，用敌克松 600 倍液浇灌莲蔸周围的土壤，第二天复水，隔 5～7 天 1 次，连喷 4 次。

腐败病

专家告诉您：腐败病目前没有非常有效的化学防治方法，通过科研工作者的实践证明，采取以下农业防治措施可以达到防控莲藕腐败病的目的：①老藕区及时处理残株，除了留种藕田以外，在收获后，及时砍伐残荷梗并集中烧毁；收获后的藕田可种一季冬作，不种越冬作物的田块、无水源的田块冬季要深翻晒垡。水源好的在冬季可灌水浸田，病菌在冬季浸水田中很难越冬。②石灰处理，第一次翻耕前每亩均匀撒入 100～150 千克生石灰和 25～30 千克石灰氮，然后深翻入土，不仅能起到施肥作用，还可以起到调整土壤酸碱度及消毒的作用，有效杀灭多种病源菌。③选择无病留种田，可避免种藕带菌，减少初次侵染源。④种藕消毒，在种藕挖起后，用 33.5％喹啉酮 1 000 倍液加 70％甲基托布津可湿性粉剂 800 倍液浸泡种藕 10 小时左右，捞出晾干后再栽植；也可用上述药剂对种藕喷雾后覆盖薄膜，密封 24 小时闷种消毒，晾干后栽植。⑤轮作，以隔年水旱轮作为好，可与花生、大豆、烟草、油菜、西瓜等作物轮作，一般连作不超过 3 年。水旱轮作可净化土壤，减少病源积累，调剂土壤养分，改善土壤结构，提高抗病性。⑥施足腐熟的有机肥，并适时追肥。追肥要氮、磷、钾肥配合施用，还要补施钼肥、锌肥、硼肥等微肥。

（2）褐斑病　属真菌性病害，主要危害叶片。病菌在枯死的叶片和叶柄上越冬，靠气流和风雨传播。发病初期可见叶片正面有小黄褐色斑点，以后扩大成多角形或近圆形的淡褐色至黄褐色病斑，边缘深褐色，有明显轮纹。病斑直径多为 0.1～0.8 厘米。叶面稍隆起，叶背凹陷呈灰白色，中后期病斑连成不规则大斑，全叶枯死。浮叶正面的病斑多为深褐色，中后期病部腐烂，用手触摸，表层易脱落，但不穿孔。4～5 月份开始发生，6～8 月份为多发期，尤其是在阴雨天，相对湿度大时较易发生。莲田采取水旱轮作，合理密植，除老叶改善通风透光条件，清除植株残体，无病藕田留种，用腐熟有机肥，增施磷肥和钾肥，不偏施氮肥，生长前期浅水位，夏季高温时适当加深水位等农业措施，可以减少本病的发生。发病初期用 43％好力克 5 000 倍液，或 75％肟菌酯·丙森锌 5 000 倍液，或 40％福星乳油 8 000 倍液叶面喷雾，隔 7～10 天 1 次，连喷 2～3 次。

（3）莲藕病毒病　又称莲藕花叶病毒病，属病毒性病害。主要危害叶片，在莲藕全生育期皆可发生。感病株比正常株矮小，病叶局部褪绿呈浓绿斑驳，似鱼鳞状。严重的叶片皱缩粗糙、变厚畸形。病原病毒潜伏在种藕内，是主要的初感染源，

莲藕褐斑病

田间病害主要通过蚜虫传播。重点做好防蚜控病，加强肥水管理，发现病株及时拔除，不在发病田块选留种藕。发病初期用7.5%菌毒·吗啉胍水剂 700 倍，或 20%盐酸吗啉胍·乙铜可湿性粉剂 500 倍液，或 5%菌毒清可湿性粉剂 500 倍液，或 0.5%菇类蛋白多糖水剂 250 倍液进行叶面喷雾，隔 7～10 天 1 次，连喷 2～3 次。

莲藕病毒病

（4）莲藕污斑病　属真菌性病害，主要危害叶片。病斑多从叶缘开始，由外向内沿叶脉间的叶肉扩展，病斑形状不规则，严重时整片叶病斑分布呈发散条状，深褐色。病菌在病株上或以分生孢子随病残体遗落在土壤中越冬，借空气流动传播。严重发生该病的重病田块实行水旱轮作。发病初期用25％咪酰胺可湿性粉剂1 000倍液，或70％甲基硫菌灵可湿性粉剂＋75％百菌清可湿性粉剂（1∶1）1 000～1 500倍液，或25％唑菌腈（应得）悬浮剂1 000倍液，或40％氟硅唑（福星）乳油5 000倍液叶面喷雾，隔7～10天1次，连喷2～3次。

莲藕污斑病

## 108. 莲藕有哪些主要虫害？如何防治？

（1）斜纹夜蛾　一年可发生多代，成虫常把卵产于高大茂密浓绿的边际作物上，初孵幼虫常群集取食，不怕光，4龄以后怕光，白天常躲在阴暗处，黄昏以后出来觅食。冬季以蛹或幼虫在土壤中越冬，春末夏初幼虫开始啃食荷叶，2龄后还可咬食花蕾和花，4龄后进入暴食期，食量大增。在干旱少雨年份的7～9月容易大爆发，可把荷叶成片吃光，仅留叶脉，造成莲藕减产。防治方法：①用灭虫灯或糖醋混合液诱杀成虫。糖、醋混合液的配制方法是：红糖250克，加醋250毫升，加清水500

毫升，再加少许敌百虫。将混合液盛于盆中，傍晚放于距地面高 60 厘米处。②除卵灭幼虫。成虫产卵盛期和幼虫初孵出后，从叶背面检查，发现卵和幼虫后则随手摘除销毁。③5%甲维盐 3 000 倍液，或 20%康宽 3 000 倍液，或 10%稻腾 1 000 倍液，或 5%抑太保 1 500 倍液叶面喷雾。喷药时期最好在 2 龄幼虫盛发前。4 龄后幼虫忌光，有夜出活动习性，故施药宜在傍晚前后进行。④每亩放置斜纹夜蛾性诱捕器一只，内装配诱芯一枚，每月更换一次，可诱杀斜纹夜蛾成虫。

斜纹夜蛾低龄幼虫群集危害

（2）莲缢管蚜　通常称蚜虫，除了危害莲藕，还危害慈姑、菱角等水生蔬菜。无翅胎生雌蚜、有翅胎生雌蚜是常见的 2 个态型。无翅胎生雌蚜卵圆形，体长 2.5 毫米，宽 1.6 毫米；有翅胎生雌蚜长卵形，体长 2.3 毫米，宽 1 毫米。卵长圆形，黑色。若蚜大多 4 龄，形似无翅胎生雌蚜，但个体较小。早春在树上繁殖 4～5 代，4～5 月产生有翅蚜，迁飞至莲藕等水生植物上，可繁殖 25 代左右，10 月底又产生有翅雌蚜，回迁越冬寄主，11 月上中旬雌蚜交尾产卵。该蚜虫喜阴湿天气，在初夏和秋季至晚秋可较多发生。成虫、若虫常成群密集于叶片、叶柄花蕾柄和花蕾上刺吸汁液，被害叶片发生黄白斑痕，重者叶片卷曲皱缩，茎叶枯黄，花蕾凋萎，造成莲藕减产。农业防治是清除田间杂草，合理控制种植密度，减轻田间郁闭度，降低湿度。化学防治，可用70％吡虫啉水分散粒剂7 500倍液，或36％噻虫啉水分散粒剂3 000倍液，或10％啶虫脒乳油1 500倍液喷施，或50％烯啶虫胺可溶性粒剂7 500倍液，或25％噻虫嗪水分散粒剂7 500倍液叶面喷施。也可以利用蚜虫趋黄性，田间放置黄色粘虫板诱杀蚜虫。

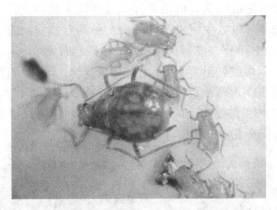

莲缢管蚜无翅蚜及若蚜［放大］

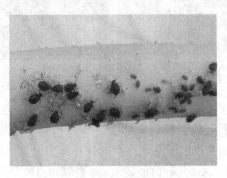

莲缢管蚜聚集危害莲叶柄

（3）食根金花虫　又叫稻根金花虫、稻根叶甲、莲根叶虫等，其幼虫叫地蛆、藕蛆、水蛆等。成虫在土中羽化，上爬浮出水面，产卵于荷叶、长叶泽泻等的叶面上，或眼子菜的叶背上。7 月份产卵，7 月下旬至 8 月上旬孵化后，幼虫入水潜入泥土中，在地下茎上吮吸汁液，从而造成地上部分立叶细小、发黄，后期则直接危害新藕，使藕身形成许多虫斑，影响藕的产量和品质。成虫和刚孵化的幼虫也危害绿叶。实行水旱轮作可使莲田的环境条件得到改变，从而抑制其生长繁殖，减少为害。排干水进行冬耕冻垡，可杀死部分越冬幼虫减轻危害。及时清除田间杂草可以减少成虫产卵场所。种藕定植前，随翻土每亩施生石灰 60 千克，或每亩用 5％辛硫磷颗粒剂 1～1.5 千克或 20％氯虫苯甲酰胺悬浮剂 30 毫升拌细土 20 千克混匀撒施。危害期选用 90％晶体敌百虫 1 000 倍液，或 50％杀螟松乳油 1 000 倍液，或 48％毒死蜱 1 000 倍液叶面喷雾。也可以使用茶籽壳饼防治食根金花虫，每亩撒施 20 千克。

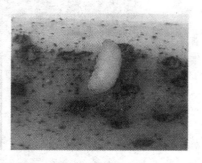

食根金花虫成虫　　　　　　　食根金花虫危害状

（4）潜叶摇蚊　成虫、幼虫身体窄长，淡绿色，卵长圆形，乳黄色，数十至数百粒聚成卵囊。成虫产卵于水中，在水中孵化成幼虫，幼虫寄生于莲藕浮叶内并在其中做茧化蛹，蛹期 3～7 天。羽化后成虫突破叶面飞出。冬季以幼虫随枯叶沉入水底越冬。主要危害莲藕的浮叶，不危害离开水面的立叶，危害时浮叶叶面布满紫黑色或酱紫色蛀道，严重时可使整个浮叶腐烂。幼虫危害期在4～10月，以7～8月最严重。及时摘除被危害叶片，并集中深埋。发现浮叶有少量虫蛀道时，可用50%环丙氨嗪（蝇蛆净）可湿性粉剂2 000倍液，或90%敌百虫晶体1 000～1 500倍液，或25%喹硫磷乳油1 500倍液叶面喷雾。

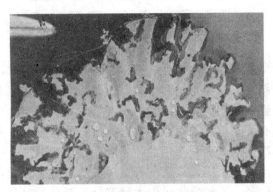

潜叶摇蚊危害状

### 109. 莲藕还有其他有害生物吗？如何防治？

有害螺类对莲藕的危害也非常大，主要有耳萝卜螺、福寿螺、椭圆萝卜螺、尖口圆扁螺等。这几种螺对环境的适应性强，常在水生植物较多的水域中栖息生长，冬季以成螺在土层缝中或植物下越冬。幼螺、成螺都可危害莲藕，啃食嫩芽、叶片、根和藕身，使植株生长受到较大影响，甚至造成死亡。

防治方法一是冬季结合整田等消灭越冬螺或破坏其越冬场所；二是进行人工捕捉，或在藕田中放养可摄食螺类的鱼类或其他经济水产品；三是药物灭螺，每亩用7%贝螺杀50克加水1 000倍，或80%四聚乙醛可湿性粉剂300～400克加水2 000倍叶面喷雾，也可每亩用茶籽饼50～80千克，可有效灭螺，并且无农药残留，还可做有机肥。

> 提示：套养经济水产的莲田、莲塘应该禁止使用高毒化学药物和茶籽饼，化学药物可能对水产造成毒害和污染，而茶籽饼中含有的茶皂素对鱼、鳝、鳅等水产具有溶血作用，会造成死亡。

## 110. 莲田如何防治杂草?

莲田中容易生长水花生、莎草、稗草、野慈姑等，在莲藕定植前，结合翻耕整地清除杂草。定植后至封行前，人工拔除杂草。应谨慎使用除草剂，如果一定要选用除草剂，首先要求仔细阅读有关除草剂的说明书，选择适宜的除草剂种类和使用方法；其次，在大面积使用前，要求先小面积试用，并观察一段时间。浮萍、水绵、双星藻等对莲田危害也非常大，在莲田中大量繁殖时，不仅吸收水中大量养分，而且常附着于顶出水面的叶芽上，使植株生长变弱。目前，对于这类杂草没有针对性化学药物，每亩可用石膏 2.5 千克加水 200 升喷洒，也可用 0.5% 硫酸铜在生长密集处局部喷杀。套养经济水产的田块，应注意将它们先赶至鱼沟中，排水降低水位，再用药物杀灭浮萍、水绵等，然后再灌入干净水，以防经济水产中毒。

知识点

浮萍多发于莲田尚未封行之前，争夺养分能力强，而且很难做到彻底的防治，对莲藕生长初期的影响较大。农技人员通过实践总结出一个小窍门，通过排水搁田，让浮萍落在土面上，经过 1～2 天的晾晒，待其根部扎到土壤中后，再灌入水淹没浮萍。这个办法可以在莲藕生长初期大幅度减少浮萍覆盖水面，等莲田封行后，浮萍无法得到充足的光照，自然会慢慢消减。如一次效果不好，可反复几次。

### 111. 莲藕如何轮作、间作、套养？

合理的轮作，尤其水旱轮作，不但可以提高单位面积的效益，而且可以减少病虫草害，改善土壤结构和调节土壤肥力。各地科技人员创新推广了一批轮作模式，如福建建宁莲科所的子莲—烤烟、金华市农科院的子莲—小萝卜—春马铃薯、扬州大学的莲藕—水芹、武汉市蔬菜研究所的莲藕—慈姑等。同时科技人员也探索出一些较为实用、效益较好的间作模式，如江西广昌白莲局的子莲田间作蕹菜、广西柳州的双季田藕间作早熟慈姑等。莲田、莲塘中也可以套养水产，但莲田水浅，莲杆上有刺，不能套养体形较大的经济水产，可套养鳝鱼、泥鳅、龟鳖等，但应做好配套设施，如围网防逃逸、防鸟鼠捕食。

#### 子莲—小萝卜—春马铃薯轮作栽培模式

该模式是浙江省金华市农业科学研究院创新，将子莲产业与当地特色产业兰溪小萝卜、春马铃薯相结合，通过免耕栽培，合理的茬口搭配，实现了一年三收。经2012—2013年大面积试验示范，平均亩产值鲜食莲子4 500元、小萝卜2 000元、春马铃薯3 500元，综合亩产值达1万元以上，土地、水肥综合利用率高，效益突出，得到当地农户的广泛认可。

莲子

小萝卜

马铃薯

## 菱 篇

### 112. 菱有哪些种类？主要分布在哪些地方？

菱为菱科菱属一年生蔓性浮叶水生草本植物，菱别名菱角、龙角和水栗等，原产中国南方，以及亚洲和欧洲的温暖地区，在世界上分布范围较广，但只有中国和印度进行了驯化和栽培利用。菱在中国的采集利用和栽培历史悠久，早在新石器时代江南地区已广泛采菱食用，距今已 5 000 年以上，至公元前 300～400 年，菱已开始被驯化和人工栽培。在周朝时，它就是祭祀典礼上的重要食品。《周礼》中曾提到："加笾之实，菱芡栗脯。"菱的整个生育期在 6 个月以上，在水位相对稳定的水面均可栽培，因此在我国主要分布在长江下游的太湖流域和珠江三角洲等无霜期达半年以上的地区。从果型上分为四角菱、两角菱和无角菱，无角菱是由四角菱分化而来，其果实的四角已退化；从栽培方式上分为深水菱和浅水菱，深水菱多为晚熟品种，浅水菱多为中、早熟品种。

### 113. 菱的植株有哪些特征？

菱的根、茎、叶、花、果的形态特征鲜明。菱的根分为土中根和水中根，须根状。土中根扎根土中，是菱主要的养分吸收部位；水中根长在水中茎蔓节处，每一茎节对称生长 2 条根须，上面生有许多细小分枝，辅助吸收水中的养分。菱的茎蔓性、细长，长度达到2～5米，节间由下往上逐渐缩短，茎直径到接近水面时越来越粗，菱叶出水后，茎的节间更加密集和粗短。菱的初生叶呈狭长线形，之后逐渐变宽，随着生长渐成为菱形、扇形，尖端边缘有锯齿，叶正面光滑，背面沿叶脉生软毛，绿色或红紫色。叶密生在茎的顶部，似轮生，互相排列成盘状，称为"菱盘"。菱的花为白色单生，每隔数叶着生1朵，为两性花，花上着生雄蕊4枚，雌蕊1枚，花出水开放，授精后没入水中，子房2室，每室各有1枚胚珠，结实时仅有1室发育成种子，另1枚退化。菱的果实为坚果。外果皮薄而柔软，有绿、白绿、紫红等多种颜色，内果皮（果壳）革质，幼果时较软，老熟后厚而坚硬。果顶部有一发芽孔，被有薄膜，孔的四角具有刚毛，对胚起保护作用。果实为元宝状，具2个角或4个角，也有进化成无角者，但仍留有角的痕迹。果实充分老熟后于果柄处脱落，掉入水中，又称"水中落花生"。种子被包被在果实内，呈倒钝三角形，种皮膜质，极薄，无胚乳。

菱　种　　　　　　　　　　菱花器官

结果的菱盘

## 114. 菱的生育史是怎样完成的?

菱为一年生植物,第二年以健康饱满的果实播种,全生育期一般在 200 天以上,在中国南方经历春、夏、秋 3 季。当春季气温稳定在 13℃ 以上时,种子开始萌发,在水中形成幼苗,这时植株光合作用弱,主要依靠吸收菱种中贮存的养分生长。第一个菱盘出水后,植株茎顶端不断抽生出新叶,菱盘继续扩大,当老叶枯死和新叶抽生速度相当时,菱盘不再增大。同时,地下根系不断增长,茎蔓不断伸长,主茎的中上部陆续发生分枝,分枝上形成新的菱盘,分枝再生分枝,每株植株可有 10～20 个菱盘。菱是边开花边结果的植物,采收期长。果实老熟后脱落,落于土中休眠过冬,完成整个生育期。

## 115. 菱的生长发育需要什么样的环境条件?

在长江流域地区,当气温稳定在 13℃ 以上时,种子开始萌发。菱幼苗期的适宜温度为 20～25℃,旺盛生长期的适宜温度为 20～30℃,开花结果期的适宜温度为 25～30℃。生长发育阶段,水温不能低于 10℃,不能超过 35℃,否则会影响植株的正常生长和开花结果。

菱的生长除种子萌芽阶段外，整个生长期要求光照充足。光照充足有利于光合作用，利于营养物质的积累，因此菱田应建在空旷无遮挡处。对光周期的反应，基本上属于短日性植物，长日照有利于营养生长，短日照有利于开花结实。

菱有深水栽培品种和浅水栽培品种，一般深水栽培品种最大水深不要超过 4 米，浅水栽培品种最大水深不要超过 1.5 米。苗期水位要低些，以 30～60 厘米为宜，菱苗出水后，随着植株的生长可逐渐加深到 1～2 米，但不能暴涨暴落。

菱依靠根从土壤和水中吸收养分，土中根为主要养分吸收部位，要求土壤松软、肥沃，淤泥层达 20 厘米以上，氮、磷、钾三要素并重，磷、钾充足时，植株抗病性增强，结果多，品质较好；如氮肥偏多，磷、钾不足，则易造成植株徒长，结果少，抗病性下降，影响产量。

专家告诉您：浅水田里种植菱，在夏季高温天气，通过流水灌溉降温，可防止菱果实老化，提高果实质量，同时水体流动可以增加水中的溶氧量，减少病害的发生。

## 116. 菱有哪些营养价值和保健功效?

菱的营养价值较高，每 100 克鲜菱肉含蛋白质 3.6 克、脂肪 0.5 克、碳水化合物 24 克、粗纤维 0.7 克、钙 9 毫克、磷 49 毫克、铁 0.7 毫克，并含有多种氨基酸、烟酸、核黄素、维生素等多种营养物质。菱果肉厚、味甘、香，生食可当水果，熟食可代粮。

菱属凉性食物，古人认为多吃菱可以补五脏，除百病，且可轻身，就是有减肥作用。《本草纲目》中记载：菱能补脾胃，强股膝，健力益气，菱粉粥有益胃肠，可解内热，老年人常食有益。据近代药理实验报导，菱具有一定的排毒功效，对防治食道癌、胃癌、子宫癌等有一定辅助疗效。因此，菱被视为养生之果和秋季进补的药膳佳品。

提示：菱虽然保健功效很大，但食用时要注意不宜过量，注意不宜同猪肉同煮食用，否则易引起腹痛。

## 117. 菱品种有哪些？

（1）四角菱类

'义乌菱'　浙江义乌市地方品种。浙江省中部地区大棚栽培，5月上中旬采收，亩产2 000千克以上；露地栽培，7月上旬采收，亩产1 000千克以上。叶表面、叶柄、叶脉均呈绿色。嫩果皮薄，易剥，果肉嫩，味甜，适宜生食，果皮绿白色，四角尖锐，单果重15.6克。分枝性强，适于浅水栽培。

'义乌菱'

'水红菱'　产江苏苏州、浙江杭州以及嘉兴一带。4月上旬播种，8月上旬采收嫩菱，8月下旬至10月下旬采收老菱，亩产400～500千克。叶柄、叶脉及果皮均呈水红色。菱肉含水量多、淀粉稍少，味甜，宜生食，肩角细长平伸，腰角中长，略向下斜伸，果形较大，单果重15～20克，果重与肉重之比约为 1.5∶1。不耐深水，不抗风浪，适于在浅水池塘、河湾种植。

'水红菱'

**'邵伯菱'**　　江苏里下河地区地方品种。4 月上旬播种，8 月中旬至 10 月中旬采收，亩产 400～500 千克。果皮绿白色，肩角较大，腰角尖锐，皮较薄，果实较小，单果重 10～12 克，果重与肉重之比约为 1.55∶1。适于在浅水池塘、河湾种植。

　　邵伯菱历史悠久，闻名遐迩，传说当年乾隆皇帝下江南，路经邵伯，吃了邵伯菱，赞不绝口。以后，每年中秋之前，总要挑选上好的菱角，作为贡品，星夜送往北京，供宫中享用。据镇志记载，新中国成立以后，国务院曾专门来函，要邵伯寄些菱种到北京，把它放养在中南海里，供嘉宾们观赏、品尝。

**'小白菱'**　　产江苏吴江、苏州等地。4 月上旬播种，9 月上旬至 10 月下旬收获，亩产 300～600 千克。肉质硬，含淀粉多，宜熟食，果皮绿白色，肩角略向上斜伸，腰角细长下弯，腹稍隆起，果形小，单果重 7～8 克，果重与肉重之比约为 1.4：1。菱盘小，茎蔓坚韧，生长势强，抗风浪能力较强，生长适应范围较广，宜湖荡深水栽培。

'**大青菱**'　产江苏吴江、吴县、宜兴等地。4 月上旬播种，9 月上旬至 10 月下旬收获，较耐深水，亩产 500～600 千克。品质中等，果皮绿白色，肩部高隆，肩角平伸而粗大，腰角亦粗，略向下弯，果形大，单果重 20～25 克。果皮厚，果重与肉重之比约为 2：1。

（2）两角菱类

'**扒菱**'　又名乌菱、风菱、大弯角菱，产江浙及南方各地。4 月上旬至下旬播种，8 月上旬至 10 月下旬采收，亩产 300～500 千克。品质好，淀粉含量较多。果皮暗绿色，两角粗长而下弯。果形较大，单果重 20 克左右，但皮壳厚，果重与肉重之比约为 2：1。成熟时果柄不易脱落，可以减少采收次数。可耐水深 2.5～3 米。

'**胭脂菱**'　又名红菱、蝙蝠菱，产南京附近。4 月上旬播种，8 月下旬至 10 月上旬采收。生长势较弱，叶表面淡绿，背面赤褐色。果皮色有红、绿两种，两角平伸，先端较钝，果形中等，单果重 13 克左右。耐水深仅 1.5～2 米。

'胭脂菱'

（3）无角菱类

**'南湖菱'** 又名圆菱、和尚菱、元宝菱、无角菱，产浙江嘉兴南湖。4 月上旬播种，8 月下旬至 10 月下旬采收，亩产约 360 千克。品质好，肉硬而带粳性，果皮绿白色，幼菱有四角，后期四角退化，仅剩痕迹，果形中等，单果重 13 克左右，皮较薄，果重与肉重之比约为 1.5：1。因易落果，果实成熟必须及时采收。生长时要求水位适中，土壤肥沃。耐热不耐寒，抗风浪能力较弱。

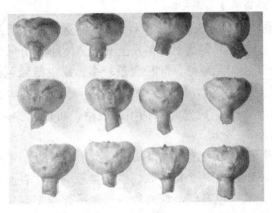

'南湖菱'

## 118. 怎样选择栽培菱的水域？

栽培菱的水域选择一般从水位调节和土壤两方面考虑。一方面，菱属于较耐深水的作物，可耐水深 2～4 米，浅水菱可在水深不超过 2 米的浅水池塘、河湾和水田中种植，深水菱可在超过 3 米深的水域种植。选择的水面要求风浪不大、水流不急、水质新鲜、土壤肥沃、水位变化小等。风浪较大的地方，需扎菱岸保护。另一方面，对水下的土壤，要求淤泥层达到 20 厘米以上，有机质含量 1.5％以上。种植前将水面中的野菱、水草等杂草清除。

### 119. 怎样选择适于当地栽培的菱品种？

菱的品种选择要综合考虑市场需求、品种特性和本地条件等因素。如果以生食为主，则一般栽培水面在城市郊区，就近鲜销，选择的品种为果形大、肉质鲜嫩的早熟或中早熟品种，如'义乌菱''水红菱''南湖菱'等。如果以熟食为主，可选择熟期晚、淀粉含量高的品种，如'扒菱''沙角菱''小白菱'等。

### 120. 菱什么时候栽培？

春季，当气温回升至8℃以上时进行播种，长江流域一般在3月下旬至4月初，华南地区多在2月初至3月初。

专家告诉您：现在菱多在水田栽培，水田水位浅，春季回温快，播种后易出苗，可以直接播种，省时省工，便于管理。

### 121. 菱的用种量是多少？

浅水栽培，由于浅水面春季土壤升温较快，水位不深，播种后较易出苗，一般采用直播，亩用种量撒播20～25千克，条播和点播15～20千克。为求提早采收上市，亦可比直播的播期提早20天左右进行育苗。苗龄40～50天，然后起苗定植，用种量120～150千克，每亩苗床可移栽8～10亩大田。深水栽培水面的水位较深，直播一般不能出苗；即使能出苗，苗也十分细弱，不能适用于生产，故须进行育苗移栽，播种方法与浅水菱育苗相仿，但播种期不用提前，亩用种量50～70千克，每亩苗床可移栽5～7亩大田。

### 122. 菱如何施基肥和追肥？

菱田施基肥可把水排干，每亩施用腐熟厩肥或有机肥

2 000～3 000 千克，然后整平田面。追肥主要针对浅水菱，一般 2 次。第一次在主茎菱盘形成，并出现分枝时，每亩施尿素 10 千克左右，将肥料与河泥混合，做成泥团，塞入水下泥中，以防流失。第二次初花期，以追施磷、钾肥为主，用 0.2％的磷酸二氢钾进行叶面喷雾，每隔 10～15 天 1 次，共 2～3 次。深水菱一般不追肥，也可在开花结果期叶面施肥，方法同浅水菱。

### 123. 为什么要疏菱盘？

疏离后期出水的小菱盘，并拨正和理顺零乱的菱盘，改善通风透气条件，可为大菱盘提供良好的生长条件，提高产量。每株整个生育期可有 10～20 个菱盘，若不疏理，菱盘提早闭面会导致菱盘小，影响产量；高温闷热天气菱盘铺满水面，会造成水下缺氧，引起落花落果。

### 124. 怎样进行菱的采收？

菱是边开花边结果的植物，果实分批成熟，分批采收。果实成熟时，果实和果柄的连接处出现裂纹，果实极易脱落。

浅水菱的采收成熟度因用途不同而异。如水红菱等生食用品种，要在果皮基本硬化，果实尚未充分成熟时采收，以保持菱肉脆嫩，含可溶性糖较高，风味甜美。而邵伯菱等熟食用品种，要在果实充分成熟时采用。生食用采收标准为：果已硬化，果表仍保持鲜红色或淡绿色，萼片脱落，尖角显露，用指甲掐刻果皮仍可轻度陷入。熟食用采收标准为：果已充分硬化，果表呈黄绿色或紫褐色，果实与果柄的连接处已出现环形裂纹，二者极易分离，尖角毕露，放水中下沉。采收时一般都从行间直接下水，翻拨菱盘，逐盘检查采摘，将采收的果实放置浮桶或竹篮中。采后立即清洗装筐，运销市场。如暂时贮放，可浸于清水中，置于阴凉通风场所，次日必须上市。特别是鲜食品种，更要注意护色保鲜，防止高温和日晒。初收期一般每隔 3～

4 天采收 1 次，盛收期每隔 2～3 天采收 1 次。后期气温降低，果实发育成熟转慢，每隔 6～8 天采收 1 次，共采收 7～10 次。

深水菱必须行船采收，采收成熟度的标准与浅水菱同。采收期一般略迟于同地的浅水菱，但初收期一定要掌握好，不可过迟。一般通过检查，发现部分菱盘中有 1～2 个果实已达采收成熟时，即应开始采收。如任初果充分成熟，则会影响往后的开花结果，引起菱株早衰。

### 125. 怎样进行菱的选留种？

菱以果实作种，可以在果实盛收期留种，选择的菱种必须果形饱满、端正、果皮充分硬化、无病虫害，经水选可迅速沉入水底。种菱不耐霜冻，0℃以下易受冻，贮藏时种菱装袋放入水深 1.0～1.5 米的池塘中，或放入流动清水中贮藏，到第二年春季播种。

### 126. 哪些菱品种适宜早熟栽培？

早熟栽培可选用出苗早、商品性好、适宜浅水栽培的早中熟品种，如'义乌菱''大青菱''水红菱''胭脂菱''南湖菱'等。

### 127. 菱大棚集中育苗有哪些好处？

菱通过大棚集中育苗，可以达到早熟高产的目的，使菱提早上市，大大提高菱的经济效益。浙江省已经成功使用大棚栽培菱，在 12 月中旬育苗，5 月上市，比传统的种植方式提早 2 个月。通过设施提早播种，集中育苗，延长了菱的生长期；集中育苗，便于控制环境条件，有利于培育健壮的秧苗，同时提高土地利用率；集中育苗，可以在苗期选优去劣，拔除次苗、弱苗，保证菱苗质量和品种特性。

早熟菱角设施栽培

## 128. 什么是菱"带果移栽"？

设施栽培的菱在大棚生长至初次开花坐果时，将菱带嫩果整株移栽至露地，此时露地气温已经回暖，菱移栽后生长空间更大，可以马上进入开花结果的旺盛期，缩短露地栽培的前期生长时间。

该技术是菱大棚促早栽培核心技术之一，利用大棚良好的保温增温效果，促进菱提前进入花芽分化和果实生长阶段。该技术既可以减少育苗成本，又可以与菱露地栽培相结合，提早开花结果，提高产量和效益。

### 带果移栽的关键栽培技术

移栽前 5～7 天，种植大田亩施入生石灰 50～75 千克，三元复合肥 25～35 千克，翻耕耙田；移栽前 1～2 天，种植田灌水 15～20 厘米。菱苗移栽时，大棚栽培的，可以根据菱苗生长情况及田块准备情况，灵活掌握；露地栽培的，则 4 月中旬以后选晴暖无风天气移栽。此时，露地温度达到 20℃以上，50％以上菱盘带 1～2 个幼果，适宜移栽。

## 129. 怎样进行早熟菱的设施栽培？

大棚菱栽培宜选择水源充足、水质洁净、高温季节水源有保证的田块，最好在水库排水渠附近。

（1）苗期管理

①苗床准备　苗床选择最近 3 年未种植水生植物的田块，1 月中旬前建成 8 米×30 米或 6 米×30 米的标准钢架大棚。播种前彻底清除菱田中的杂物及杂草，排干水，进行土壤消毒，每亩施入 15 千克优质复合肥，深翻整地。

②播种期　8 米宽大棚育苗在 12 月底以前播种，6 米宽大棚育苗在 1 月中下旬播种。

③播种量　苗床播菱种每平方米 90 颗左右。

④播后管理　育苗田保持水位 5～10 厘米，随温度变化而定，气温高则水层可稍浅。2 月底 3 月初是菱出苗到分枝的关键时期，温度需保持在 13℃以上。发芽后移至繁殖田大棚内。茎叶长满田后分苗定植或再繁殖。

（2）大棚管理

①适时定植　大棚田菱定植时间，主要根据菱分枝情况及秧苗密集程度而定，一般在 3 月中旬。主茎菱盘形成（随着菱的生长，主茎上形成的菱盘浮出水面）即可移栽到大棚内种植，密度每平方米 2～3 株。定植前期保持 10～20 厘米水位，有利增温；植株主茎形成菱盘后，特别是初花后，菱田水位提升到 35～40 厘米，防止水位暴涨暴落。

②肥水管理　定植前将田水排干，每亩施入复合肥 35 千克、钙镁磷肥 50 千克，2 天后放水入田。3 月中下旬，施追肥。

③棚温管理　4 月中旬菱生殖生长逐渐旺盛，需随时掌握棚温变化，棚内温度要控制在 35℃以下，如果超过 35℃，易造成结果率下降。当室外温度稳定在 20℃以上时，卷起棚膜。

## 130. 菱有哪些主要病害？如何化学防治？

（1）菱纹枯病　属真菌性病害，严重时发病率达 90％，危害轻时达 20％～40％，造成减产甚至绝收。主要危害叶片，从菱盘开始形成期至盛花期均可发生。病斑初呈水渍状小点，后逐渐扩大为不定形、褐色具云纹，病斑轮廓明显。病斑扩大或连合，导致叶片腐烂或枯死。患病的部位可见类似油菜籽的褐色菌核。病菌以菌核在土中越冬，或以菌丝体和菌核在病残体、杂草等其他寄主上越冬，第二年，水中的菌核萌发，侵染菱叶，发生病害。新生的菌核在适宜条件下不需要休眠，即可萌发新的菌丝进行侵染。菌丝生长发育温度范围为 10～40℃，适温为28～32℃，在每年 8～9 月份高温高湿天气，发病严重。连作塘块、地处风口的菱塘，种植过密，菱苗拥挤，透光率差，偏施过量氮肥，都会加重病害发生。

可选用 30％苯醚·丙环唑乳油 3 000 倍液，或 20％井冈霉素粉剂 750 倍液，或 75％肟菌·戊唑醇水分散粒剂 3 000 倍液，每 7 天左右喷一次，连续 2～3 次，与爱多收、喷施宝等叶面肥混合使用效果更佳。

（2）菱白绢病　属真菌性病害，常和纹枯病并发，造成严重损失。该病发生于叶片、叶柄和浮于水面的菱。病斑初呈黄色水渍状，后逐渐扩大成圆形，或病斑连合成不规则形状，严重时整片叶变黄白色而腐烂，叶片背面生白色菌丝，后形成白色至茶褐色菌核。叶柄发病后腐烂脱落，果实发病而不能食用。病菌以菌核在土中、杂草或病株中越冬，也以菌丝体随病残体在土中越冬。第二年，水中的菌核萌发，侵染菱叶，发生病害。该病在田间 5～6 月间开始发病，7～8 月高温高湿季节发病严重。化学防治方法同菱纹枯病。

菱白绢病

（3）**菱褐斑病**　属真菌性病害，发生较普遍。病株叶片边缘初生不规则的淡褐色小点，后逐渐扩大呈圆形或不规则形，深褐色。天气潮湿时，其上生出多数黑色小霉点。病斑扩大后引起菱叶和菱盘早枯，导致减产。

可选用 50％多菌灵可湿性粉剂 800 倍液，或 40％多菌灵·井冈霉素胶悬剂 600 倍液，每隔 5～7 天喷施 1 次，连喷 2 次。采收前 10 天停止用药。

## 131. 怎样进行菱病害的农业防治?

选用抗病品种，合理密植，防止种植过密导致菱盘拥挤而加重发病；发病严重的田块与其它水生作物实行 2～3 年轮作，可有效减轻病害；及时清理病残株，清除塘内塘边杂草，深埋处理；对排水较好的池塘，菱采收完后，及时排干水，让其自然晒垡、冻垡，翌年种植前 1 个月，撒生石灰或用 50％多菌灵 500 倍液对塘内表土进行消毒处理，然后再放水播种；在施足腐熟有机肥基础上，适当增施磷钾肥，追肥勤施薄施，培育壮苗，增强植株抗病力，避免偏施氮肥；灌水深浅适度，以水调温、调肥，提高菱苗抵抗力。

## 132. 菱有哪些主要虫害？

（1）菱萤叶甲　属鞘翅目叶甲科，食性单一，仅危害菱和莼菜，为菱的毁灭性害虫。以成虫和幼虫群集咬食叶片危害，轻则造成菱盘千疮百孔，使产量锐减；重则叶片全被吃光，仅剩叶脉，以至绝收。幼虫烛形，共 3 龄，体 12 节，3 龄幼虫体长 6～9 毫米；成虫体长约 5 毫米、硬壳、具有黄褐色鞘翅，前胸背板两侧黑色，中央有"工"字形光滑区，小盾片黑色。该虫在长江流域年发生 6～8 代，世代重叠，以成虫在茭白、芦苇等残茬或土缝中越冬。该虫抗寒力弱，发育适温为 20～32℃，一年中开花结果期危害最甚。

（2）菱紫叶蝉　属同翅目叶蝉科，为菱的常发性虫害，还为害芡实、莲、莼菜等。以成虫若虫刺吸茎汁液，在叶柄"浮器"中产卵，减缓植株的生长，产量降低。成虫体长 4～4.5 毫米，体紫色，头顶有 2 个黄色小斑，面黄色。若虫共 5 龄，体紫色，腹部色浅。该虫在长江流域一年发生 5～6 代，世代重叠，以卵在荷塘边杂草等的茎中越冬。卵在 5 月初孵化，在 7～8 月虫量最多，为害最重。

## 133. 怎样进行菱虫害的防治？

菱采收后及时处理老菱盘，铲除岸边杂草等成虫越冬场所，减少越冬成虫基数。这两种害虫常同期发生，因此，在发生初期，用 1.8% 阿维菌素乳油 2 000 倍液，或 90% 晶体敌百虫1 000 倍液，或 48% 毒死蜱乳油 1 500 倍液，或 2.5% 溴氰菊脂乳油2 000～2 500 倍液（对水生经济动物高毒，若水田套养水产则不能使用）等进行喷雾防治。连喷 2～3 次，隔 5～7 天 1

次，交替施用。采收前 7 天停止使用农药。

### 134. 哪些水产适合与菱进行套养？

可以在菱塘、菱田套养鱼、泥鳅、黄鳝、甲鱼等。如果套养鱼只能放养不食草的鲢鱼、鲫鱼、青鱼等，切记不可放养草鱼，小龙虾（克氏原螯虾）也不宜套养。套养的菱塘、菱田需要立网，防止套养水产逃逸。

### 135. 菱套养水产需要哪些基本条件？

套养水产的菱塘、菱田要求水源条件好，水质无污染，最好位于水库下游、水资源丰富地区。土壤和水体营养适中，浮游生物较多，套养区域和非套养区域要分开施肥，套养区域以基肥为主，一般施用腐熟有机肥。夏季高温天气有条件的应灌"跑马水"，提高水体溶解氧含量，防止水产"浮头"。套养区域应严格按照无公害生产技术要求进行农事操作，减少或杜绝使用化学方法防治病虫害，如需要使用时一定要认真阅读说明，选择对水产没有毒害或影响较小的农药产品。菱的种植密度不能过高，因为水生动物需要呼吸生长，可用竹竿扎框浮于水面，留出空旷水面用于空气交换，并以此框投放饵料。

### 136. 菱套养水产有什么好处？

套养可促进物种之间互惠互利共同增产，改善生态环境，实现良性循环。

一是改善水田的生态环境，增加土壤透气性和有机质含量，提高系统自身发展的可持续性。水生经济动物能摄食水中浮游生物及部分害虫，甲鱼对有害螺等有效的捕食，菱土中根、水中根不断地新陈代谢，为泥鳅等增加了天然的优质饵料。

二是农药、化肥用量减少，水生经济动物的粪便起到肥水作用。

三是在不破坏地形地貌情况下调整水田种植结构，能承担市场经济灵活多变的风险，水生蔬菜和多种水生经济动物的立体种养在经济上有一定互补的作用，所以此系统对市场经济具有很大的应变能力。

### 137. 菱有哪些加工产品？

充分成熟的菱淀粉含量高，可加工制成菱粉、菱酒、菱酱、糖水罐头等。因菱不耐贮藏和运输，可对菱进行简易加工制成脱水菱肉、速冻菱肉，延长菱的贮藏时间。

荸荠篇

## 138. 荸荠主要分布在哪些地方？有哪些种类？

荸荠为莎草科荸荠属多年生浅水性宿根草本植物，俗称马蹄，又称地栗，广布于全世界，以热带和亚热带地区为多。我国早在公元前1世纪，古籍《尔雅》一书中就有荸荠的记载，李时珍所著《本草纲目》对其植物形状及栽培方法有详细描述，长江以南各省栽培普遍。广西桂林、浙江余杭、江苏高邮、福建福州、安徽无为、湖北汉口等地为著名产区。

荸荠以球茎作蔬菜食用，皮色呈深褐色或枣红色，肉质洁白，味甜汁多，清脆可口，自古有"地下雪梨"之美誉，北方人视之为江南人参。荸荠既可作为蔬菜，又可作水果，是大众喜爱的时令之品。

荸荠的种类按球茎的淀粉含量可分为两种类型。一是水马蹄类型，为富含淀粉类型；二是红马蹄类型，为少含淀粉类型。按脐洼（靠根状茎端）深浅分类，有平脐和凹脐两种。一般来讲，球茎顶芽尖，脐平，球茎小，含淀粉多，肉质粗，渣多，适于熟食或加工淀粉，如苏荠、高邮荸荠、广州水马蹄等。球茎顶芽钝而粗，脐凹，含水分多，含淀粉少，肉质茎甜嫩、渣少，适于生食及加工罐头，但不耐贮藏，如杭荠、桂林马蹄等。

荸荠产品

削皮后的荸荠产品

### 139. 荸荠有哪些营养价值和保健功能？

荸荠口感甜脆，营养丰富，可生食或熟食。每 100 克新鲜球茎中含热量 59 千卡、蛋白质 1.2 克、脂肪 0.2 克、碳水化合物 14.2 克、膳食纤维 1.1 克、维生素 C 7 毫克、维生素 E 0.65 毫克、维生素 A 3 微克、胡萝卜素 20 微克、硫胺素 0.02 毫克、核黄素 0.02 毫克、烟酸 0.7 毫克、钙 4 毫克、磷 44 毫克、钾 306 毫克、钠 15.7 毫克、镁 12 毫克、铁 0.6 毫克、锌 0.34 毫克、铜 0.07 毫克、锰 0.11 毫克、硒 0.7 微克。

《别录》中记载，荸荠"味甘、微寒、无毒""主消渴，痹热，热中，益气"。《本草纲目》认为，荸荠"味甘、微寒、滑、无毒"。其功能"消渴痹热，温中益气，下丹石，消风毒，除胸中实热气"。荸荠是寒性食物，有清热泻火的良好功效。既可清热生津，又可补充营养，最宜用于发烧病人。可用于热病伤津烦渴，咽喉肿痛，口腔炎，湿热黄疸，高血压，小便不利，麻疹，肺热咳嗽，咽喉不利，痞块积聚，目赤障翳，矽肺，痔疮出血等。荸荠地上全草有清热利尿功效，可用于呃逆，小便不利。荸荠还有预防急性传染病的功能，在麻疹、流行性脑膜炎、百日咳、急性咽喉炎较易发生的春季，荸荠是很好的防病食品。

### 140. 荸荠植株有哪些特征？

根为须根系，发生于肉质茎基部，细长，初为白色，后转褐色。入土 20～30 厘米深，无根毛。

茎有肉质茎、叶状茎及匍匐茎三种。肉质茎位于球茎萌芽后发生的发芽茎和匍匐茎的先端。在生长前期，为短缩而不明显的短缩茎。其顶芽及侧芽向地上抽生一丛绿叶状茎，基部的侧芽向土中抽生匍匐茎，至结荠期，各匍匐茎先端之肉质茎膨大，形成球茎。叶状茎呈绿色，形细长，管状，直立，长 100 厘米左右，粗 0.5～0.6 厘米，中空，内具多数横隔膜，隔膜中有筛孔，可流通空气。匍匐茎淡黄色，组织疏松，有 3～4 节。在高温期，横行土中匍匐生长，长 10～15 厘米，粗 0.4 厘米，先端肉质茎向上抽生叶状茎，向下生根，成为一独立的分株，向土中又可抽生匍匐茎。

叶片退化成膜片状，几乎不含叶绿素，着生于叶状茎的基部及球茎上部数节，包被主、侧芽。

在结荠期，自叶状茎的顶端，抽生穗状花序，小花呈螺旋状贴生，外包萼片，具有雄蕊三个，雌蕊一个，子房上位，柱头三裂。种子形如稗草子，每一小花结子一粒，壳革质，灰褐色。不易发芽，生产上不用种子繁殖。

### 141. 荸荠的生长发育是怎样进行的？

荸荠喜高温湿润，在整个生长期中要求有充足的光照，不耐荫，以沙质壤土为宜，水层保持 13～15 厘米深。全生育期 200 天以上。其全生育过程为：

（1）萌芽期 春分到清明，气温达 10～15℃时，80% 以上球茎可萌芽，清明至谷雨全部萌芽，同时抽生发芽茎，并向上抽生叶状茎。当幼苗有 5～6 根叶状茎时，便向下萌生新根。

（2）分蘖与分株期 7 月底移植的荠苗，3～5 天返青后，发芽茎顶端的肉质茎，向上抽生叶状茎，经不断分蘖，形成母株丛。与此同时其侧芽向四周发生若干根匍匐茎，伸长 10～15 厘米后，其顶端肉质茎的顶芽，又向上萌生叶状茎，连续分蘖，又形成新的分株。至小暑前后，母株的叶状茎数已有 30～40 根，株高达 100 厘米左右。如此反复地分株和分蘖，株丛随之逐渐扩大，叶状茎数直线上升。一株地上茎数可扩大到 300～400 根。气温在 25～30℃时，分蘖分株发生最快。至处暑到白露，多数匍匐茎先端的肉质茎停止萌芽，分株数不再增加。进入 9 月份后，气温逐渐下降，光合产物的积累量则逐渐增多，匍匐茎的生长由水平方向转而朝土下斜向生长，俗称"下带"。10 月上旬以后，不再产生叶状茎，此时多数匍匐茎先端开始膨大，形成球茎。荸荠的产量取决于球茎的数量和大小，而后者又是由分株的次数及地上叶状茎的数量和质量决定的。因此，争取在适宜气温下，取得一定合理分株数，保证地上叶状茎的数量和质量，荸荠最好要在 7 月底移栽完，最晚的移植也不能迟于立秋。

（3）开花与结荠期　当植株基本上停止分株分蘖，地上叶状茎的同化物质便大量向地下贮藏器官即球茎运送，这时叶状茎绿色加深，自分株中心抽出穗状花序，进入始花期。与此同时，地下部也相应抽生匍匐茎，地上开花盛期，也是地下结荠旺盛期。寒露至霜降球茎已成形，霜降至冬至，叶状茎经霜冻逐渐由上向下枯黄，球茎此时充分成熟。球茎皮色也由白色而黄逐渐转变成黄棕色至红褐色。冬至至小寒，球茎内糖分含量达到最高。

## 142. 荸荠对环境条件的要求有哪些？

荸荠喜生于池沼中或栽培在水田里。具匍匐茎，先端膨大为球茎。它的繁殖一般采用球茎亦称果球进行无性繁殖。荸荠喜温湿怕冻，种荠于 15℃萌芽，25℃开始分蘖，30℃植株旺盛生长，气温降至20℃以下时球茎形成。适宜生长在耕作层松软、底土坚实的壤土中。在栽培上，要求有20～25厘米的耕作层，这样既利于球茎的生长发育，又不致球茎深钻，个体发育大小均匀整齐一致，也有利于掘收。耕作层过粘，不利于球茎的膨大。腐殖质过多，球茎的含糖量降低，甜味差。在营养需求上，要求氮肥较少，磷肥较多。

## 143. 目前我国栽培的荸荠品种主要有哪些？

'桂林马蹄'　广西桂林地方品种，又名三枝桅。晚熟，株高100～120厘米，叶状茎较粗，球茎扁圆形，脐部稍凹，茎芽小，厚2.5厘米，横径4.5厘米，单球茎重20克以上；皮色深褐色，含淀粉量较低，含糖量较高，肉质脆嫩，味较甜，宜生食，较耐贮藏，一般亩产量1 500～2 000千克。

'孝感荸荠'　湖北孝感地方品种。中晚熟，株高90～100厘米，分蘖性较强，球茎厚3.0厘米，横径3.6厘米，单球茎重22克左右；顶芽短小而向边斜，脐部微凹；皮色红褐色，皮薄，味甘，质细，渣少。亩产量1 000～1 500千克。

'苏荠'　江苏苏州地方品种。中熟，球茎扁圆，平脐，芽尖，皮深红色，肉白色，渣多，宜熟食，耐贮藏。株高80～100厘米，球茎厚2.0厘米，横径3.4厘米，单球茎重15克左右，亩产量750～1 000千克，高产达1 500千克。

'杭荠'　浙江余杭地方品种，又名大红袍。球茎扁圆，芽粗直，平脐，皮棕红色，味甜，渣少，宜生食及加工制罐。株高90～110厘米，球茎厚2.2厘米，横径3.4厘米，单球重20克左右，亩产量1 200～1 500千克。是目前长江中下游推广的良种。

'水马蹄'　广州地方品种。较早熟，生长期130～140天，植株矮小，叶状茎短而较细，株高约85厘米，球茎厚2.0厘米，横径2.5～3.0厘米，单球茎重15克左右，呈扁圆形而稍尖；皮红黑色，淀粉含量较高，生食品质较差，是提取荸荠粉的主要品种，亩产量为 1 500～2 000 千克。

**'鄂荠 1 号'** 系武汉市蔬菜科学研究所从湖北省团风县地方品种中系选而成。株高 80～90 厘米，球茎扁圆形，厚 2.2～2.8 厘米，横径 4.0～5.6 厘米，单球重 25 克左右；皮薄，棕红色；肉白色，脆甜，亩产量为 1 400～1 500 千克。较耐秆枯病，不耐贮藏运输。

**'黄岩荸荠'** 产浙江黄岩、路桥一带，又叫店头荸荠。球茎扁圆，脐稍凹，成熟球茎顶芽粗壮，两边各有一侧芽并立，因此当地又叫"三根葱"。皮红褐色，肉白色，味甜，宜生食及加工制罐，较耐贮藏。株高 110～130 厘米，球茎厚 2.2 厘米，横径 3.8 厘米，单球茎重 23 克左右，亩产量 1 500～2 000 千克。

**'高邮荸荠'** 产江苏高邮、盐城一带。球茎形状与苏荠相似，呈扁圆形，皮红褐色，芽粗直，脐平，球茎单重 20 克，横径 3.7 厘米，高 1.8 厘米，皮较厚，宜熟食，生食品质差，耐贮藏。

## 144. 怎样选择栽培荸荠的水田？

荸荠对土壤要求并不严格，一般水田都能适应生长，以光照充足、pH 值中性偏酸、土质肥沃、水源充足、排灌畅通、耕作层深厚疏松、底土坚实的乌泥田或青紫泥田为佳。荸荠不宜连作，连作则球茎不易肥大，产量低，同时不易收获。一般实行 2～3 年间隔轮作，减少病害对产量的影响。为便于统一管理，提高栽培技术到位率，提倡连片种植，划片轮作，创造最大管理效益。

## 145. 荸荠在什么时候栽植？用种量多少？

荸荠喜高温湿润，不耐霜冻，需在无霜期生长，全生育期为 210～240 天。荸荠是严格的短日照植物，它所抽生的匍匐茎只有在秋季日照转短后才能膨大形成球茎，因而早种并不能早收，一般都根据前后茬的衔接来确定育苗的时间。江浙一带一般在 7 月下旬移栽大田，9 月底结粒，从而延长球茎膨大期，可增加大粒比例。移栽苗要求高 20～25 厘米，主丛带 10～15 根叶状茎，带土起苗，带药下田，细拔轻放，防止折秆断根。

荸荠按栽植季节可分为三种：小满～芒种栽植的为"早水荸荠"，小暑至大暑栽植的为"伏水荸荠"，双季稻收割后栽植的为"晚水荸荠"。每亩大田的用种量视栽插的方式来确定，一般早水荸荠与伏水荸荠采用分株移植，亩用种量在 20～50 千克，晚水荸荠采用带个的母株栽植，亩用种 75～100 千克。

### 146. 什么是荸荠的球茎苗和分株苗？如何培育？

荸荠栽植选用的苗有两种，其一是球茎苗，即将种荠催芽育成小苗，最后以球茎为栽植单株，每一种球只育成一株苗。早水荸荠每亩栽 1 000 株为宜，伏水荸荠每亩栽 2 500～3 000 株为宜，晚水荸荠 7 月 30 日以前每亩栽 4 000 株为宜，8 月栽植适当加大密度。其二是分株苗，即在定植前尽量提早用球茎育苗，促其多分蘖和分株，栽时将分蘖和分株一一拆开，每栽植苗含有叶状茎 3～4 根，每一种球可育成数株苗。分株苗每亩早水荸荠 3 000 株，伏水荸荠 4 000～5 000 株。

分株苗采用的是两段育苗，即先在苗床上旱育，待苗高 10～15 厘米移到大田，按 30 厘米×30 厘米的规格插后进行水育。待早稻收获后，再分株移植；球茎苗是将旱育苗直接插到大田，不再分株插植。从时间上，分株苗育苗时间在 6 月 10 日左右，球茎苗可推迟到 6 月 25～30 日，即早稻收获前 25～30 天为宜（秧龄 25～30 天）。从栽培情况看，球茎苗移植病虫害少，产量高，一般要比分株苗移植亩增产 250～500 千克。

### 147. 荸荠如何育苗?

荸荠种球要选用具有本品种特征,表面光洁,顶芽与侧芽齐全,芽头健壮,个大均匀,皮色深,无病无溃烂无损伤。皮色不一致的"花荠"通常是带病的,不宜作种。

为防止种荠带病,催芽前可用广谱性杀菌剂对种球浸泡18~24小时消毒,取出沥干。在待催芽的地面铺湿稻草,将种球排列于稻草上,顶芽朝上,排3~4层,再用稻草覆盖,每天浇水2~3次,保持湿润催芽。10~15天后开始冒青,芽长1.5厘米时揭去稻草,继续浇水保持湿润,20天后叶状茎开始生长,并有3~4个侧芽同时萌发时即可栽植到苗床。于6月中下旬至7月上旬选择土壤疏松肥沃,易于保湿遮阴,无渍水,无病菌的园地作苗床。育苗前每亩施用农家肥300~500千克,草木灰300~500千克,犁翻整平,敲碎土块,整成130~150厘米宽的小畦,然后排种。粒距3~5厘米,顶芽朝上。用细沙或松碎的细土盖上,厚度以刚盖过种球稍露芽为适,然后淋足水。播种后由于温度较高,光照较强,因此,在前期注意遮阴,减少土壤水分蒸发,利于出苗。出苗后,着重加强水分管理,以湿润为主,既能保持土壤的一定通透性,促进根系健壮发育,又能保证秧苗生长发育所需的水分供应。当催芽15~20天后,苗高10~15厘米,根从芽头长出,并有3~4个叶状茎时,要及时移入大田进行假植。假植田亩施腐熟有机肥1 000千克,碳铵25千克,三元复合肥25千克作基肥。株行距30~40厘米,并及时剔除病弱苗。育苗前期保持浅水层1~2厘米,有利地温升高。后期可加深至2~3厘米。施1~2次薄肥水,并用广谱性杀菌剂喷浇1~2次,防茎枯病。7月底8月初,当苗高25厘米以上,秧田育苗期16~18天时,可把幼苗连根拔起,移栽到本田。移栽前一星期,育苗地要追肥和喷药一次,以带肥带药下田。

大田假植                              苗床育苗

## 148. 什么是荸荠组培苗？荸荠组培苗有哪些优势？

荸荠组培苗是选用优良荸荠品种，在无菌条件下，取荸荠球茎茎尖部分进行离体培养、诱导、分化、生根等脱毒组培，快繁培育而成的试管苗。组培苗能保持传统品种的优良性状，具有植株生长势强、整齐一致、种苗不带病毒、抗逆性好、大田分蘖力强、大果率高、产量高、品质好、球茎耐贮运等优点。试验与生产表明，荸荠组培苗普遍比种球种植的增产 15％～50％，大果率提高 10％～15％，抗病性明显增强。荸荠组培苗

荸荠组培苗

还可大大节省用种量，免除长途调种的麻烦，降低购种成本。一般一株组培苗经过大田培育后可扩繁 15～20 倍。组培苗还可长久保存荸荠种质资源，培育出抗病优质高产的优良品种，也是对荸荠优良品种进行提纯复壮的最佳途径。

### 149. 荸荠组培苗如何培育壮苗？

组培苗是在实验室里培育出来的无菌脱毒试管苗，高度只有 8～12 厘米，比较细弱，不能直接移到大田，必须经过原种圃秧田的假植培养，待小苗长到 30 厘米左右时才能移栽到大田中，一般需要经过 30～35 天的假植期。

秧田选择地势平坦，排灌方便，不漏水、不漏肥的水田。基肥每亩施过磷酸钙 25 千克，三元复合肥 15 千克。秧田畦面宽 120～150 厘米，畦高 10 厘米，沟宽 30 厘米，做好后灌 1～2 厘米深的水层等待移栽。

在培育时间上，一般先确定大田移栽时间，再确定育秧时间，最后确定组培苗炼苗时间。浙江省一般秧田假植期在 6 月中下旬，移栽密度为 10 厘米×10 厘米左右，插植深度为 2～3 厘米。组培苗移栽时田面保持 1 厘米左右的浅水层，移栽后以浅水湿润灌溉为主，以利于发根。以后随植株生长加快，逐渐回水至 3～4 厘米深。秧田期一般施两次肥料，第一次在移栽成活后，每亩施尿素 2.5 千克，第二次在移植大田前一星期，每亩施三元复合肥 5 千克。

### 150. 荸荠如何移栽？

荸荠是严格的短日照植物，早移栽也不能早结球，还可能因过密的分蘖引起内部湿度过高，通风透光性变差而易发生病虫害，影响产量。过迟移栽则可能会因营养生长期短，营养积累不足而影响产量。一般浙江最适宜移栽时间为 7 月 20～25日。移栽密度与移栽时间、土壤的肥力等相关。土质肥沃的宜稀，反之则应密些，早插的宜稀，迟插的要求密些。移栽密度为 50～60 厘米×30 厘米，每亩插 4 000 丛左右。移栽深度为 9～12 厘米。以早晨、傍晚移栽。同时，移栽时，要求轻起苗，起苗时将苗和球茎一并挖出，剔去雄荸荠苗。如果秧苗已产生分株的，可将分株与母株分开栽植。秧苗挖起后洗去泥土，用广谱性杀菌剂浸根处理，以减少大田病害发生。如果秧苗过高，应割去梢头。定植后 3～5 天内如见浮苗或枯黄的要及时补苗。

知识点

雄荸荠苗是在育苗过程中出现的叶状茎簇生而纤细、栽植后不易发生分株的秧苗。

荸荠移栽

## 151. 荸荠如何科学施肥？

根据水田肥力和荸荠的需肥特性实施平衡施肥。施肥上应掌握"前稳中控后攻"的原则。一般在移栽前将大田耕耙 3～4 次，耕深 20 厘米以上，田面平整，结合整地施入基肥。大田基肥，一般亩施腐熟有机肥 1 500～2 000 千克，碳铵 40 千克，三元复合肥 30 千克。追肥前期以氮为主，促进地上部茎、叶的生长，后期以钾为主，促进球茎的膨大。移栽活棵后，结合中耕除草，每亩施入尿素 6～8 千克促进分蘖。分株肥在 10～15 天后结合耘田除草亩施硫酸钾复合肥 20 千克。壮苗肥在移栽后 30 天左右结合耘田除草亩施硫酸钾复合肥 50 千克。9 月底 10 月初必须重施一次结荠肥，给保苗长果提供充足的养分，一般亩施硫酸钾复合肥 40 千克，硫酸钾 15～20 千克。施化肥要在露水干后进行，宜选择阴天或傍晚进行。

## 152. 怎样进行荸荠的水分管理？

荸荠虽为草本水生植物，但在水的管理上，宜采用浅水移栽，深水回青，薄水分蘖，湿润长果的管水方法。移栽时放浅水，防止浮苗。大田移栽时正是高温季节，缺水易使地表温度升高而灼伤幼苗，故插后应及时灌水，保持深水 5～9 厘米促苗回青。回青后宜用浅水灌溉，一般 3 厘米左右即可，以促进发根分蘖。8 月下旬开始以干湿交替、湿润灌溉为主，促进根系纵向生长及分蘖生长。足苗封行后，可灌深水进行控苗。结荠期宜保持 8～10 厘米水层。球茎膨大期，保持 4～5 厘米水层，促进球茎膨大。在 8 月 15 日和 10 月 1 日施苗肥和结荠肥前可采取短期露田，露田的标准是用脚踩有印而不沾泥，待有细裂缝时应立即灌深水，两天后再施肥。进入 10 月要注意寒潮的来临，寒潮来时要灌水，过后及时排水。收获前 20 天（霜降左右）停止灌水，保持土壤湿润即可，使叶片开始转黄，促进光合物质向球茎传输，提高甜味。施重肥后，可采用浅水勤灌的湿润管水方法，这样既可达到以水调气，以水调肥的作用，又能有效地排出土壤中的有毒物质，促使根须下扎，增加营养吸收面积，以满足后期长果结实的营养需要，达到果多、果大、产量高的目的。

### 153. 荸荠田如何除草？

在夏季杂草生长速度快，而荸荠种植密度又稀，竞争中处于劣势时，荸荠田易滋生杂草，因此杂草防治亦很重要，要做到早除、勤除。荸荠对绝大多数除草剂敏感，所以最好采用人工除草，在活棵后到封行前，行间实行耘田除草2～4次。第一次除草在移植活棵后即可进行，同时结合中耕和查苗补苗。在第二次除草时，如果发现秧苗过密，可适当拔除部分细弱苗。除草最好结合追肥进行，既可以达到除草的目的，又可以增加土壤通透性，提高肥料利用率。

### 154. 怎样进行荸荠的采收？

荸荠的成熟期，不同地区各有差异，收获挖掘的时间也不相一致。立冬过后，荸荠的地上部逐渐枯死，地下球茎停止膨大，表明球茎已成熟，即可采收。11月中旬排水落干后，当土壤不粘锄头时就可以挖掘。荸荠也可留田贮存，直至翌年清明，此期间可根据市场需要随时采收。荸荠刚成熟就采收，球茎还未完全老熟，产量低，品质差，且不耐贮藏。12月下旬（冬至前后）采收时，球茎皮色转深，肉质白嫩，含糖量达到最高，味甜汁多，品质最好。越冬以后采收，球茎皮色变成黑褐色，肉质粗老，品质变差。因此，荸荠最佳采收时间在冬至和立春之间。熟食或加工淀粉的荸荠可在11月采收，鲜食或加工制罐的荸荠可于12月至翌年2月采收，种荠可于3月下旬萌芽前挖出，带泥摊晾2～3天后再贮藏。采收时抢晴朗天气挖收，尽可能避免机械损伤，剔除已发病的荸荠，同时将大、中、小和破损荸荠分级晾晒。刚收获的荸荠含水量高，皮质软且脆，应做到细心挖取，轻装、轻放、轻运，以减少损伤，便于贮藏。另外，收获时不能让太阳暴晒，避免失水过速，灼伤等造成生理性伤害，影响贮藏质量。

## 155. 荸荠如何贮藏？

挖回的带泥荸荠应先放在干净的室内，最好能在地上垫一层砖或木板，摊晾10～20天，待表面水分自然风干后，清除泥土及杂物，剔除伤果、烂果和病果等，再进行贮藏。贮藏的方法，视数量的多少，可采用缸藏、箱藏或室藏的办法。贮藏前，应做好缸、箱、室的消毒工作。室藏的库房要求干燥密闭，先打扫干净，堵好鼠洞后再行消毒，然后将荸荠堆入室内即可，堆的高度要求在一米左右为宜。如有条件，可在地上垫一层木板或塑料薄膜，再铺一层10厘米细沙或细碎土，然后放一层10厘米左右的荸荠，再盖一层5厘米的沙或细土，如此一层沙土一层荸荠进行堆放，最后在上面盖上一层10厘米左右的沙子或细土，高度在1～1.3米。也可用砖砌成池，把荸荠按上述堆放的方法，堆在池中。在贮藏期间，要求做到定期检查，发现霉烂或鼠咬等应及时处理。

## 156. 怎样进行荸荠的选留种？

作为种用的荸荠在选留时必须经过三次选种：第一次是在头年，选植株生长良好、无病虫危害、无倒伏的田块定为留种田；第二次是荸荠充分成熟挖收时选种；第三次是催芽育苗前再进行选种。

留种田选择。留种田块选择应在荸荠全生育期进行。首先要选择无病虫危害田块；其次要选择植株生长健壮、分蘖分株性强，抗逆性好，霜前不过早倒伏田块。留种田块选好后，要认真进行除杂工作，把那些杂种杂株、病虫株彻底除掉。反复多次，以保证种球的纯度。择定的留种田应延至翌年春季采收，要做到单独采收、单独晾晒、单独保管。在采收时，选挖个大、外形圆整、无损伤、顶芽侧芽健全、芽头粗壮、皮红褐色、充分老熟、无病虫害和符合本品种特性的球茎做种。挖取后带泥摊晾 2～3 天，稍干后堆放到室内无阳光直射处保存。

当年收的荸荠种可采用沙藏过冬的方法。用木箱、缸等容器盛装，容器底部铺 10 厘米左右的泥沙，将种荠一个挨一个地平摆，摆放一层盖一层泥沙，摆完后在最上部盖 10 厘米左右的泥沙，并加盖稻草或麻袋。以后每隔一星期检查一次，发现泥沙过干发白则淋些清水，湿度以覆盖在顶部的泥沙下部湿润、上部无积水为宜。并做好防鼠害等工作。

## 157. 荸荠怎样与西瓜、水稻轮作？

荸荠是不宜连作的作物，与西瓜、水稻轮作时可种一年的"西瓜～荸荠"，再种 2～3 年的水稻。西瓜可选目前市场适销的'8424'等品种，于 3 月上中旬采用大棚双膜或三膜营养钵育苗，4 月中旬定植，小拱棚加地膜栽培，注意保温。5 月上中旬撤去小拱棚。生长期间保持田间湿润，注意做好排水防病。看苗轻施伸蔓肥，重施膨果肥。同时做好整枝、压蔓、授粉等工作。7 月中旬收获完毕。荸荠采用两段育苗，4 月上旬在土壤疏松肥沃的田园中进行旱育苗，5 月中下旬移入大田进行第二段水育苗，西瓜收获后的 7 月 20～25 日定植。荸荠结束后再种 2～3 年水稻。

## 158. 荸荠的病虫害主要有哪些？

荸荠的害虫主要有白禾螟、蝗虫、三化螟、尖翅小卷蛾、蚜虫、蛴螬、蝼蛄等，危害最重的是白禾螟。荸荠的病害主要有茎腐病、秆枯病、枯萎病、锈病、白粉病、菌核病、灰霉病、球茎褐腐病和干腐病等。

### 159. 如何识别白禾螟？其生活习性有哪些？如何防治？

白禾螟属鳞翅目螟蛾科，又称纹白螟、白螟、荸荠钻心虫，是危害荸荠的主要害虫，以幼虫蛀食茎秆。危害时茎内壁与横隔膜被蛀，仅留外表皮。凡被蛀食的叶状茎，不久发红枯死，严重发生时成片枯死，不结或少结球茎，造成严重减产，农民称之为"红死"。在长江中下游一般6月中旬发生。

以老熟幼虫在荸荠田残茬中心结薄茧越冬，初夏羽化为蛾，飞到荸荠叶状茎梢上产卵，卵多产于距茎尖7～8厘米的茎秆上。卵孵化后，幼虫自茎秆的上中部钻入叶状茎中蛀食危害。老熟幼虫爬至茎基部，咬出1个羽化孔，然后在茎内头部朝上吐丝作茧化蛹。

防治策略上，荸荠采收后及时清除残茬并耕翻，以灭杀越冬虫源。适期栽种，在7月中下旬移栽有利于避开白禾螟第二代的危害并减轻第三代发生基数。在第二、第三代发生期孵化高峰后1～2天，可用10%杀虫双水剂300～400倍液＋90%晶体敌百虫800倍液，或48%毒死蜱乳油1 000倍液，或5%高效氯氰菊酯乳油1 000倍液等轮换喷雾防治，隔7～8天再施第二次。第四代发生时在孵化高峰前2～3天进行，过迟则失去防治意义，可用50%杀螟松乳油，或80%敌敌畏乳剂，每亩每次150毫升，加水400千克泼浇。各类农药需交替使用，施药时田间保持一定水层，以提高防效。

### 160. 怎样识别和防治荸荠秆枯病？

荸荠秆枯病俗称"马蹄瘟"，为荸荠的一个主要病害，全生育期均可发病，9月中下旬至10月盛发。其严重程度与气候和栽培条件密切相关，老产区、连作田发病重。植株感病后地下茎不结荠或结小荠，病秆枯死倒伏，球茎损失 45％以上，甚至绝产。

（1）发病症状　主要危害叶状茎。茎秆发病时，初生病斑水渍状，菱形或椭圆形至不规则暗绿色斑，病斑变软或略凹陷，以后病斑呈暗绿至灰褐色，梭形或椭圆形，上生黑褐色小点。病斑组织软化可造成茎秆枯死倒伏，呈浅黄色稻草状。天气干燥时，病斑淡褐色，较小，中间灰白色。外缘暗褐色，湿度大时，可见大量浅灰色霉层。

（2）发生规律　荸荠秆枯病是由半知菌类黑盘孢目柱孢霉属荸荠柱盘孢菌侵染所致，仅危害荸荠和野荸荠，病菌以菌丝体和分生孢子盘在球茎和病残体上越冬，病菌产生分生孢子借风雨及灌溉水传播。田间温度 17～29℃时，连续阴雨或浓重雾及重露天气 4～5 天后，田间荸荠秆枯病便开始发生。7～10 月出现多雨或重雾天气，易流行。早期氮肥过多，或缺乏磷、钾肥会使病情加重；后期脱肥和经常脱水，秆枯病易发生和流行。连作田块发病率高，危害重。种植密度大，通风透光不良，会使病情加重。

（3）防治方法　实施轮作，特别是老产区，实行 3 年以上的轮作。施足基肥，增施有机肥，科学管理肥水，合理密植，高温季节适当深灌水，球茎基本定型后，保持土壤湿润直至采收。发病初期或荸荠分蘖盛期及时用药。可选用 45％秆枯净可湿性粉剂 500 倍液，或 25％咪鲜胺乳油 1 500 倍液，或 10％苯醚甲环唑 1 000 倍液，或 20％三唑酮乳油 1 000 倍液等药剂喷雾防治。用药时要掌握在零星见病期，或荸荠封行时喷药保护，以后每隔 7～10 天喷药 1 次，共喷 3～4 次，药剂要轮换交替使用。荸荠对含铜制剂比较敏感，应慎用。

## 161. 如何识别和防治荸荠基腐病？

荸荠基腐病又称枯萎病、荸荠瘟，是荸荠的一种毁灭性病害。整个生长季节均可发病，以 9 月中旬至 10 月上旬为盛发期，发病时枯死株率达 20%～30%，严重田块可达 80% 以上。

（1）**发病症状** 荸荠病茎基部软腐，茎基（近根处）维管束变褐坏死，匍匐茎维管束亦变褐坏死，较正常匍匐茎细小，地上失水的叶状茎枯黄，易拔起，嗅之有一种水稻蔸沤烂的气味，稍刺鼻。农民俗称"死蔸"。一般从一蔸的少数叶状茎上表现症状，农民俗称"半边枯"，并向整株发展，然后整株枯死，俗称"整棵死"。9 月份气温降低，有利于病害发展，为发病盛期，地下茎基很快腐烂，蔓延迅速，造成毁灭性损失，地上部分表现为失水青枯，俗称"青枯死"。田间缺水时，枯死株基部布满粉红色黏稠物，发黑腐烂的茎基保湿一夜，其上长出白色霉状物。球茎受害，荠肉变黄褐色至红褐色干腐。

（2）**发生规律** 病原菌为尖镰孢菌荸荠专化型，属半知菌类真菌。病菌以菌丝潜伏在荸荠球茎上越冬，并可随球茎作远距离传播。病菌从荸荠茎基部、根部伤口侵入，引起茎基发黑、腐烂，植株生长衰弱，矮化变黄，如缺肥状。以后一丛中的少数分蘖开始发生枯萎，最后地上部整丛枯死，病菌沿匍匐茎蔓延到下一丛。一般 6 月中旬始见发病株，7 月中旬移栽前秧田有零星发生。移栽后，部分带菌的秧苗成活后，病菌从匍匐茎蔓延染病株外围的健株，造成陆续死苗。9 月上旬开始，气温下降，利于病害发展，表现为暴发性，几天内突然整片青枯死，9 月下旬至 10 月上旬为该病危害高峰期。缺钾而氮肥又跟不上的脱肥田块，发病较重。氮肥施用过量，田间分蘖过多，植株郁闭，光照不足，通风不良，发病严重。过度晒田造成田间土壤开裂通气，易诱发病害在过度晒田后 5～10 天内突然暴发。

（3）**防治方法** 实行 2～3 年水旱轮作或与水稻、莲藕、茭白等作物轮作，发病初期及时拔除病株带出田外深埋，收获后，应及时清除并集中烧毁田间遗留的残茎枯叶。不偏施氮肥，增施磷、钾肥，适时适度晒田。一旦田间表现死蔸或边枯出现病株时，应排干田水，及时喷药（特别是茎基部）。每亩用 25％咪鲜胺乳油 30 毫升，或 20％三唑酮乳油 100 克＋40％多·酮（禾枯灵）可湿性粉剂 6 克，或 70％代森锰锌 500 倍液喷雾。

## 162. 如何识别和防治荸荠茎腐病？

（1）发病症状　一般在 9 月上中旬盛发，发病的叶状茎外观症状为枯黄色至褐黄色，分蘖不正常，病茎较短而细。发病部位多在叶状茎的中下部，离地面 15 厘米左右。病部初呈暗灰色，扩展成暗色不规则病斑，病健分界不明显，病部组织变软易折断。湿度大时，可产生暗色稀疏霉层。严重时，病斑上下扩展至整个茎秆，呈暗褐色枯死，但不扩展到茎基部。与基腐病可根据茎基部维管束有无变色加以识别。

（2）防治方法　发病初期，或是大风大雨过后，用 25％咪鲜胺乳油 1 500 倍液，或 70％甲基硫菌灵可湿性粉剂 800 倍液等喷洒。每亩用细硫黄粉 4～5 千克＋50％多菌灵可湿性粉剂 0.5 千克＋75％敌磺钠可湿性粉剂 0.5 千克拌入肥料施入田中，这三种药剂也可单独拌入细泥或细沙 15～20 千克配成药土撒施，在 8 中旬、9 月中旬各施 1 次，对预防荸荠杆枯病、枯萎病及茎基腐病的发生均有良好的效果。

## 163. 如何识别和防治荸荠锈病？

（1）发病症状　初始茎上出现淡黄色或浅褐色小斑点、近圆形或长椭圆形、稍凸起，为夏孢子堆。以后夏孢子堆表皮破裂散出铁锈色粉末状物，即夏孢子。当茎秆上布满夏孢子堆时，茎秆即软化、倒伏、枯死。病原菌为离生柄锈菌。该病在我国仅见于夏孢子阶段，至今未发现冬孢子阶段。一般在 9～11 月发生，病重时植株倒伏，严重减产。

（2）防治方法　发病初期，可选用 15％三唑酮可湿性粉剂 1 000 倍液，或 10％苯醚甲环唑 1 000 倍液等喷雾防治。

## 164. 荸荠红尾是什么原因？如何区别与防治？

荸荠红尾是一种生理性现象。目前荠农在种植荸荠时一般都是施用复合肥，有机肥施用少，因此，土壤缺少硼、锌、铁、锰等微量元素而引起红尾。特别是多年连作的土壤，这种由于缺素引起的红尾现象尤为严重。该病发生部位主要在荸荠茎秆尾部，均匀黄化，无斑点，多在8～9月初的生长中期才开始显露症状。

该病极易与秆枯病相混淆，两者主要区别为生理性红尾发生在茎秆的尾部，表现为黄褐色，且没有秆枯病的黑色斑点。秆枯病初期为水渍状，后为暗绿色病斑，然后整条叶状茎干枯，后期整株枯死呈灰白色，一般有发病中心，并由中心逐渐向四周扩散，通常病叶上有黑色小斑点或短绒状斑点，高湿条件下病叶表面有浅灰色霉层。荸荠秆枯病依靠风、水、土壤传播，在时间上，主要盛发于生长中后期的9中下旬至10月，荸荠封行、高温高湿条件下极易发生。

荸荠红尾病与秆枯病

生理性红尾也与因白禾螟危害造成的"红死"有别，在生产上要注意区别。防治上主要是在前期进行预防，对重病田每亩撒施硼砂、硫酸锌各 2 千克或硼锌铁镁肥 2～3 千克。生理性红尾若与荸荠秆枯病混发时，可加丙环唑等防秆枯病药剂喷施。

## 165. 荸荠在病虫防治上要注意什么？

（1）预防为主　在采用轮作、土壤消毒等措施减少病害的同时，加强肥水等田间管理，做好健身栽培，提高抗性；加强种苗消毒，杀灭病源，切断传播途径等。

（2）对症下药　找准病虫害种类，选用对口农药对症下药，特别是要分清侵染性病害与生理性病害。

（3）适时用药　虫害一般在卵孵高峰期用药，病害在发病初期就要用药。特别是台风或大雨过后也是喷药预防。

（4）科学用药　不要盲目提高农药使用浓度，多种农药要交替使用，以减少抗药性。用药时保持一定的水层，以提高药效。不一味追求新农药，不盲目相信高价农药。

（5）安全用药　严禁使用禁用农药，严格执行农药的安全间隔期。

（6）统防统治　统防统治不仅能减少农药和人工费用，还能避免交叉感染，提高防效。有条件地方尽量采用连片统防统治。

专家告诉您：荸荠对铜制剂较为敏感，易产生药害，要慎用。同时，在荸荠整个生长期不能使用井冈霉素或含有井冈霉素的复配农药，否则会造成荸荠球茎肉质出现铁锈斑，甚至整个球茎呈现黑褐色，即农民俗称的"花心"，失去食用价值。

### 166. 如何加工马蹄罐头？

（1）选料、制坯　选嫩脆、皮薄、果形均匀、无损伤、无水浸的荸荠，按球径大小分成三级：一级品在 3.5 厘米以上，二级品在 2.5～3.5 厘米之间，三级品在 2.5 厘米以下。将选好的原料放入 100℃ 水中烫 2～3 分钟，再用刀切掉主侧芽和根部，然后去皮。

（2）熟化　荸荠与清水之比为 1：2。先往清水中添加 0.2%～0.5% 的柠檬酸，待水的温度升至 40℃ 时，将去皮的荸荠倒入水内煮熟。

（3）漂洗　用清水将熟化了的荸荠洗干净，去掉表面的细粉。

（4）装罐　称取定量荸荠入罐，然后加注填充液。若为清水荸荠，则注入煮开过滤的清水；若为糖水荸荠，则注入浓度为 25%、温度为 60℃ 的糖液。

（5）封罐　若采用热力排气封罐，一般在排气箱内 100℃ 下保持 10 分钟，然后及时封盖；若采用机械抽气封罐，真空封罐机的真空压力应掌握在 5.332 兆帕左右。

（6）杀菌　525 克玻璃瓶装荸荠罐头的杀菌公式为：糖水荸荠 10-20-10 分钟/100℃，清水荸荠 10-15-10 分钟/100℃。杀菌后，将其冷却至 35℃ 取出。

（7）保温　将瓶外的水分控干，在 25℃ 条件下恒温堆放培养一周，即为成品。

# 莼 菜 篇

## 167. 莼菜有哪些种类？主要分布在哪些地方？

　　莼菜为睡莲科莼菜属多年生宿根水生草本植物。莼菜原产我国，是我国古代常见的野菜之一，其食用时间可追溯至 3 000 年前，栽培历史也有 1 500 多年。莼菜主要根据叶色分类，分为红叶和绿叶两类，也有按花萼颜色分类，为红萼和绿萼两类。莼菜分布于我国江苏、浙江、江西、湖南、湖北、四川、云南等省，亚洲其他地区也有分布。中国的江苏太湖、浙江萧山湘湖和杭州西湖都有莼菜生长，历史上尤以杭州西湖莼菜最为著名。

莼菜枝叶

## 168. 莼菜的植株有哪些特征？

　　莼菜的根为须根，簇生于地下匍匐茎各节上，近叶柄基部两侧各生 1 束，水中茎抽生时亦于基部两侧各产生 1 束须根，位于后来的离层以下。水中茎在形成离层脱离地下匍匐茎前，一般下部节位已发须根。须根初生时白色，以后变为紫色，最后呈黑色，长 15～20 厘米，主要分布在 10～15 厘米的土层中。茎分两种，地下匍匐茎和水中茎。地下匍匐茎黄白色，有时有锈斑，横生于土中。地下匍匐茎延伸生长时，其上能发生短缩茎，随着短缩茎的生长，能长出 4～6 个分枝，在水中发展，形成丛生状水中茎。水中茎直立或弯曲，绿色，密生褐色茸毛，其长度与水深有关，最长可达 1 米以上。水中茎分枝较多，一级水中茎内侧基部的腋芽常萌发成二级水中茎。二级水中茎内侧基部的腋芽常萌发，长成三级水中茎。

各茎端嫩梢、卷叶均有透明的胶质包裹着，随着莼菜植株全形抽生水中茎级数的增加，先前抽生的水中茎基部会形成离层，脱离地下匍匐茎，自成新株。存留的茎轴呈珊瑚状。叶互生，一节一叶，初生叶卷曲，有胶质包裹。成熟叶片椭圆形，全缘，盾状着生，浮水生长。叶面绿色或浅绿色，叶背浅红绿色、浅绿色或红色，因品种而异。叶柄着生叶背正中，颜色为红、绿丝状相间。茎和叶背面都有胶质，内含多糖，为莼菜的特异之处。花根据品种不同呈紫红色和绿色，前者花萼、花瓣均为暗红色，雄蕊深红色，雌蕊微红色；后者花萼、花瓣均为浅绿色，雄蕊鲜红色，雌蕊淡黄色。单花结果 4～8 个，内有种子 1～2 粒，红褐色，椭圆形。

知识点

　　莼菜主要采取无性繁殖，冬芽为繁殖方式中的一种，是莼菜贮存养分、休眠越冬的重要器官。莼菜冬芽其实是小球茎，在水中茎顶端形成，由肥大的茎、叶柄和缩小的叶片组成，外被胶质，一般 5～6 节，冬季休眠期，易脱落母体，形似螺丝，通称螺丝头。

### 169. 莼菜的生长阶段如何划分?

（1）萌芽生长阶段　从休眠越冬的茎上萌芽开始，到叶片开始浮出水面为止，历时约 30 天左右。当气温达到 10℃ 以上时，莼菜的休眠芽首先开始萌芽、长叶。随着气温的逐渐回升，在叶腋中形成短缩茎和丛生的分枝、抽生新叶，浮出水面。

（2）旺盛生长和开花结实阶段　从叶片浮出水面开始，到分枝和浮水叶片增多，叶面积指数达 0.6 以上，即盖满大部分水面为止，历时约 70 天。本阶段中同时开花结果。由于温度适中、雨水较多，植物根、茎、叶生长加快，分枝很多，同时抽生花梗，开花结实。本阶段是莼菜的营养生长高峰，采收的最佳时期。

（3）生长停滞阶段　从叶片不再增加、开花结实停止开始，到越夏休眠芽形成和充实为止，为期约 30 天。盛夏时期，当气温达到 30～35℃，莼菜生长受到抑制，生长速度减缓直至停止，大部分叶片开始衰老，水中茎的顶芽连同其基部的茎节膨大，形成粗壮的越夏休眠芽，进入夏眠阶段。本阶段在生产上一般停止采收，保护植株越夏。

（4）生长恢复阶段　本阶段从越夏休眠芽萌发开始，到越冬休眠芽形成为止，为期约 70 天。当气温开始降低到 25℃ 左右，越夏休眠芽萌发生长，莼菜又开始生长，抽生新叶，产生分枝。随着气温的降低，生长又受到抑制，日益缓慢，直至深秋季节，气温降到 15℃ 以下，植株停止生长，并在水中茎的顶端形成粗壮的越冬休眠芽，即冬芽。在本阶段可采摘一部分莼菜，但产品质量比旺盛生长阶段差，主要表现为产品表面包裹的胶质减少、涩味增加。

（5）越冬休眠阶段　从植株上的越冬休眠芽形成、水面叶片枯黄开始，到第二年春季越冬休眠芽萌发为止，为期 150～160 天。当气温降到 15℃ 以下，茎顶端形成越冬休眠芽。气温降低，休眠芽脱落沉入水中越冬。地下茎和部分水中茎也可越冬，到第二年春季萌发。

提示：莼菜可以开花结实，有种子，也可进行有性繁殖，但因有性繁殖的后代常易出现性状变异，不易保持品种特征特性，故在生产上不采用。

## 170. 莼菜的生长、发育需要什么样的环境条件？

（1）温度　莼菜属于喜温性蔬菜，不耐寒冷，当气温在20～30℃时，生长旺盛，当低于15℃时不能正常开花结实。遇短期冷冻低温，除越冬休眠的冬芽外，都无法越冬。

（2）深和水质　莼菜是浮水型植物，整个生长发育阶段，随着水中茎、叶不断抽生，水位要求由浅至深。萌芽期水位较浅，20～30厘米为宜；生长旺期，水深50～70厘米；低温保持30厘米浅水防冻。莼菜对水质要求较严格，需要水质清，且为流动的活水，水质受到污染会严重影响莼菜的生长。

（3）光照　莼菜要求光照较强，也耐微弱的遮荫。

生长环境

（4）土壤　莼菜要求土壤含有较丰富的有机质、理化性状良好、土层较深厚、淤泥层厚度达 20 厘米左右，弱酸性。

## 171. 莼菜有哪些营养价值和保健功效?

莼菜的食用部分为富含透明胶质的嫩梢和初生卷叶。莼菜的营养价值很高，富含维生素 B 群、蛋白质、氨基酸等。《齐民要术》称"诸菜之中，莼为第一"。经中国农科院原子能利用研究所分析测定，莼菜鲜样含水量高达 97%，总糖含量 1%，蛋白质含量 0.76%，含 18 种氨基酸和多种微量元素，其中锌含量 0.66～1.26 毫克/克，是一种富锌植物。莼菜的药用价值也很高，《本草纲目》记载：莼菜性寒甘无毒，能清热、利水、消肿、疗疮，治热痢、黄疸。《内景经》称"日夜食莼菜鲫鱼羹开胃"；据中药大辞典记载，莼菜有清热补血、利尿、解毒润肺、止泻功效，对热痢、黄疸、肿痛、疮疱等也有疗效。

在莼菜所含的各种营养成分中，以糖所占比例为最高，约为干重的 50%，其中主要是莼菜多糖。莼菜多糖作为莼菜的主要营养成分，主要存在于莼菜芽体表面的透明胶质中，研究报道认为莼菜多糖是一种较好的免疫促进剂，有一定的防癌、降血脂血糖的功效。

## 172. 莼菜有哪些优良品种?

**'西湖红叶莼菜'**　杭州地方品种。叶正面深绿，背全面紫红色，纵向主脉为绿色。叶片较小，长约 7.3 厘米，宽约 5 厘米，叶柄长 15～23 厘米，粗 0.16～0.25 厘米。水中茎长 35 厘米，粗 0.26～0.48 厘米。花瓣和萼片上部粉红色，结实率低。该品种植株长势较强，嫩梢和初生卷叶上的透明胶质较厚，品质好且产量高。

'**太湖绿叶莼菜**' 江苏苏州市郊地方品种。叶正面绿色，背面边缘紫红色，向中心渐变淡绿色，最大叶片长约 9 厘米，宽约 6 厘米，叶柄长 12～26 厘米，粗 0.15～0.25 厘米，水中茎长约 19 厘米。该品种嫩梢和初生卷叶上的透明胶质较厚，品质好，产量较高。因产品呈碧绿色，色泽美，加工后品相好。

'**利川红叶莼菜**' 湖北利川地方品种。叶正面深绿色，背全面鲜红色，纵向主脉为绿色。叶较大，长约 8.7 厘米，宽约 6 厘米，叶柄长 28～36 厘米，粗 0.25～0.3 厘米，水中茎长 20～32 厘米。花被粉色。该品种植株生长势强，卷叶绿色，包裹的透明胶质较厚，品质优良，加工性好。

'**马湖莼菜**' 四川雷波县地方品种。叶正面绿色，背面紫红色，叶长约 10 厘米，宽约 6 厘米，叶柄长约 25 厘米，粗 0.15～0.2 厘米。花紫红色。卷叶上包裹的透明胶质较厚，品质好。

> 提示：一般红叶品种莼菜的适应性较强，较易获得高产，但品质稍次于绿叶品种。

## 173. 怎样选择栽培莼菜的水面？

栽培莼菜选择无工业污染、地势平坦、排灌方便的湖面、池塘、河湾、低洼水田等水源丰富的水面；水质应清澈、缓慢流动、水位较平稳；土壤弱酸性、含丰富的有机质、淤泥层达 20 厘米以上，若土壤过酸，pH6 以下时，须施入石灰中和土壤酸性。

杭州市萧山湘湖莼菜生产基地

## 174. 莼菜如何定植?

莼菜除炎热的夏天和冬天结冰外均可栽植,以 3 月下旬为宜,此时栽植成活率最高。为便于采收,生产上可采用宽窄行栽插,宽行行距 1 米,窄行行距 20～25 厘米,株距 30 厘米,采用斜插或平插法。斜插是把种茎基部插入泥中即可;平插是双手拿住种茎的两头,同时插入土中,如已发芽的,将新梢露出土面,抹平泥土即可。

大田定植

## 175. 莼菜如何进行水分管理？

莼菜田常年不能断水，水质要清洁，以活水或 3～5 天换 1 次水为宜。春季萌芽生长期宜浅水，30 厘米左右，以利晒暖升温。以后逐渐加至 50～60 厘米的深度，尤以夏季高温季节水位要适当加深，以缓解高温影响，但也不宜超过 80 厘米，秋凉季节应逐渐落浅，到深秋 10 月月中下旬，田间水位宜在 30 厘米左右为宜，以便冬芽入土，增加翌年密度。越冬时，如温度降至 0℃左右，水面开始结冰，水位又应适当加深，保持 50～60 厘米水层，以防冻害。

## 176. 莼菜如何施肥？

栽前结合整地，每亩施腐熟饼肥 40～50 千克作基肥。生长期间，如果植株长势旺盛，枝叶繁茂，则不追肥；若发现叶片瘦小、发黄、嫩梢较少，且芽头细小、胶质少应立即追肥。追肥亩施尿素 3～5 千克，一般 2～3 次，间隔期半月。追肥时应先放浅田水，于露水干后均匀撒施，防止沾留叶面，防止灼伤。在越冬休眠期，春季萌芽前施冬肥，每亩施腐熟饼肥 50 千克、过磷酸钙 20 千克或腐熟粪肥 1 000 千克。

## 177. 怎样进行莼菜的采收？

莼菜栽植后，一般可连续采收 3～4 年。长江中下游地区，栽植当年的 7 月上中旬，莼菜的叶片基本上盖满水面时，于秋季可少量采收，次年春季，在 4～6 月采收，为春莼菜；7～8 月，莼菜生长处于停滞阶段，不采收；9～10 月，又复采收，为秋莼菜，品质、产量均逊于春莼菜。每隔 5～10 天采摘一次。4～5 年后，植株拥挤，生长减缓，需整地重栽。采后必须立即浸入中。用于加工的，一般于采集当天处理；鲜食的，宜用清水浸泡贮藏保鲜，时间不宜超过 24 小时。商品莼菜可根据品质分级，按级销售。

莼菜采收　　　　　　　　莼菜产品

　　一般 4 月采的莼菜称为雉尾莼，味甜，质量最好。5～6 月采的，称丝莼，品质好。10 月下旬及次年 3 月只能采茎端 3 厘米滑嫩部分，但质量差、胶质少，常带有苦味，称瑰莼，一般不采收。

## 178. 莼菜如何选种?

　　冬芽是莼菜繁殖的重要器官，但因其收集较困难，生产上主要采用茎段扦插进行无性繁殖。一般选取无病虫害、生长健壮的地下茎、水中茎为繁殖材料。地下茎应选取白色粗壮的茎段，水中茎应选取粗壮、色泽绿、带须根的茎段。扦插的茎段最好有 2～3 个节间，一般以 5～6 节为好，茎段长，则养分充足，新苗粗壮。种茎要求随挖、随送、随栽，栽植可采用平栽或斜插法。如果选用冬芽作种，应选取健壮、饱满、不带病虫、具有胶质的芽。

　　莼菜留种应选择符合品种特征特性、优质、高产的植株，春季采收，秋季不采收，积累养分，供第二年选取种茎。

### 179. 莼菜主要的虫害有哪些？

莼菜主要的虫害有莼菜卷叶螟、椎实螺和扁螺、食根金花虫、菱叶甲等。防治方法是莼菜卷叶螟用 1.8％阿维菌素乳油 2 000倍液，或 20％氯虫苯甲酰胺悬浮剂 3 000 倍液喷雾；椎实螺和扁螺用每亩施茶籽饼 15 千克毒杀，或 90％晶体敌百虫 800 倍液喷雾；食根金花虫危害莼菜根、茎、叶，每亩用 90％晶体敌百虫 800 倍液，或 10％吡虫啉可湿性粉剂 1 500 倍液喷雾；菱叶甲的防治，在冬前铲除莼塘周围杂草，降低越冬成虫基数，在发生初期，用 1.8％阿维菌素乳油 2 000 倍液，或 90％晶体敌百虫 1 000 倍液，或 48％毒死蜱乳油 1 500 倍液，或 2.5％溴氰菊脂乳油 2 000～2 500 倍液（对水生经济动物高毒，若水田套养水产则不能使用）等进行喷雾防治。

# 芡 实 篇

## 180. 芡实有哪些种类？主要分布在哪里？

芡实属睡莲科芡属一年生水生草本植物，别名芡、鸡头等，原产中国及东南亚地区。芡实按刺是有无分为有刺种和无刺种，按花的色泽分为紫花、白花和红花水种。有刺种为野生种（亦称北芡、刺芡），无刺种为栽培种（亦称南芡、苏芡）。野生种主产于江苏省洪泽湖、宝应湖、高邮湖一带，在山东、广东、广西、湖南、湖北等省也有种植，在日本、印度、东南亚各国、朝鲜半岛及俄罗斯都有分布。栽培种原产于江苏太湖流域一带，种植区域在长江流域及以南地区，主要在江苏、浙江、广东等省，其中江苏洪泽湖、太湖、宝应湖是主产区。

二大芡实叶片特征。北芡，叶面、叶背和叶柄都有刺；南芡，叶面绿色无刺，有光泽，偶有疣状突起，叶背紫红，网状脉突起，着生坚硬的刺。

### 181. 芡实植株有哪些特征?

芡实根为须根,白色、中空,长达 90～120 厘米。茎为短缩茎,组织柔软,疏松呈海绵状。叶环生于短缩茎上,成三角形螺旋上升,初生叶为线状,以后为箭形,随幼苗发育逐渐过度为圆形,直径约 35 厘米,正反面光滑,叶柄细弱,不能直立,飘浮于水面。芡实果实呈圆球形,顶端有宿存的突出的花萼,形似鸡头。北芡果实着生密刺,南芡果实上无刺但密生茸毛,果实比北芡大,果皮薄子粒大,嫩果果柄较硬,成熟时果柄果壳变软。

芡实的叶、花、果　　　　　　　芡实子粒

### 182. 芡实的生产发育需要什么样的环境条件?

芡实性喜温暖、水湿,以种子进行有性繁殖,从开花到结实约需 30 天,全生育期 180～200 天。适宜水位为 30～90 厘米,过深过浅都会影响开花结果。芡实株型大,根系发达,需要土层深厚,土壤有机质达 1.5% 以上。生育过程对氮、磷、钾三要素并重,土壤以微酸性到中性为宜,微量元素硼有利于开花、受精和结果。芡实生长发育需要充足的阳光,不耐遮阴,但盛夏高温强光,会使叶面和花朵温度高达 40℃以上,妨碍光合作用和授粉受精的进行。

## 183. 芡实有什么营养价值和保健功效？

据测定，每 100 克芡实干品中含蛋白质 8.3 克、碳水化合物 79.6 克、脂肪 0.3 克、膳食纤维 0.9 克、磷 56 毫克、钾 60 毫克、钙 37 毫克、钠 2 804 毫克、镁 16 毫克、铜 0.63 毫克、铁 0.5 毫克、锌 1.24 毫克、硒 6.03 毫克、锰 1.51 毫克、核黄素 0.09 毫克、尼克酸 0.4 毫克、硫胺素 0.3 毫克。古药书中说芡实是"婴儿食之不老，老人食之延年"的粮菜佳品。芡实性味甘平，具有滋养强壮、补中益气、开胃止渴、固肾养精等作用，尤其对心脑血管健康十分有利。芡实性涩滞气，一次忌食过多，否则难以消化。平素大便干结或腹胀者忌食。

## 184. 芡实有哪些主要品种？

'紫花苏芡' 成熟早，8 月中下旬始收，10 月下旬终收，为早熟品种。叶面绿色，叶背紫红色。萼片内侧紫红色，花瓣紫色，植株个体大，成龄叶直径 1.5～2.5 米。生长势中等，适宜在水稻田、低洼地栽植。单株结果数多（15～20 个），果实圆球形，单果重 400～800 克，其内种子平均数为 127 粒，重 250 克。种子直径 1.6 厘米，出米率 57% 左右。一般每亩产干芡米 25～30 千克，最高产量达 43 千克。

'白花苏芡' 成熟期比紫花苏芡迟 1～2 周，8 月下旬～9 上旬始收，10 月下旬终收，为晚熟品种。叶面绿色，叶背紫红色。萼片内侧白绿色，花瓣白色，成龄叶直径 1.9～2.9 米。生长势中等，适宜在水稻田、低洼地栽植。单株结果数多（12～18 个），果实园球形，单果重 480～1000 克，其内种子平均数为 109 粒，重 252 克。种子直径 1.6 厘米，出米率 52% 左右。一般每亩产干芡米 20～25 千克，最高产量 35 千克。

'红花苏芡' 成熟早，8 月中旬始收，10 月中旬终收，为早熟品种。叶面绿色，叶背紫红色。萼片内侧鲜红色，花瓣鲜红色。植株个体大，成龄叶直径 1.5～2.5 米，生长势中等，适宜在水稻田、低洼地栽植。单株结果数多（15～20 个），果实圆球形，单果重 400～600 克，其内种子平均数为 85 粒，重 200 克。种子直径 1.6 厘米，外种皮厚 0.4 厘米出米率 50％左右。一般每亩产干芡米 25 千克左右。

'紫花刺芡' 植株个体较小，成龄叶直径一般为 0.7～0.8 米，地上部全身密生刚刺，采收比较困难。种子和种仁近圆形，较小，欠整齐，粳性，品质中等，但外种皮薄，适应性强。成年植株能耐受 1.5～2.5 米的深水，适宜湖泊种植。

叶面绿色，叶背紫色，花瓣深紫色。单株结果 13～15 个，果实卵圆形，较小、单果重 250～500 克，其内种子数又 60～100 粒。种子直径约 1 厘米，种仁直径 0.8 厘米左右。9 月中下旬采收，一般每亩产干芡米 20 千克，最高的可达 25 千克。通常直接撒播，亩用种量 4～5 千克。

'白花刺芡' 茎粗叶大，花果多且大，抗叶瘤病，无论是茎叶还是种子的产量都较大。单果横茎 10～12 厘米，果实近圆形，果皮表面密生刺芒，刺芒长 1.0～1.2 厘米，单果重 600 克，果内有成熟种子 80～120 粒，重 200 克。种子千粒重 1 700 克。种皮较薄，出米率高。一般育苗移栽，亩用种量 0.5～1 千克。

## 185. 怎样选择栽培芡实的田块？

苏芡栽培的田块以壤土、黏土为宜，沙地不宜，能够长水稻的田块适宜苏芡生长，由鱼塘改成的池塘，土壤有机质含量高，适宜苏芡的种植，而新开的池塘，由于水底缺少活性土壤不宜种植；要有充足、洁净的水源保证，这是芡实种植成功的先决条件；田块地势宜相对较低，便于自流灌水和保水时节约成本，但不宜过低，防受暴雨的影响而造成损失，水深不宜超过 1 米；同时要求光照充足，东、南、西三面种有大树的地方不宜选用。

刺芡种植一般都是大水面种植，要选择水位相对稳定，最高水位不超过 2.5 米，淤泥厚、杂草少的地方种植。

## 186. 如何确定播种期？

当气温稳定在 15℃以上，抓住冷尾暖头，及时播种。在长江流域一般在 3 月下旬至 4 月上旬，南方要早些，北方则相对要晚些。如果是小拱棚保护地育苗，一般可以提早 10 天左右播种。

## 187. 怎样进行芡实苗期管理？

首先做好苗床准备，要求精细整地，做到深、烂、平，耕作层深度 20 厘米，畦宽 150 厘米，沟宽 30 厘米。苗床与大田种植面积之比为 1∶25。择定的苗床在播种前 30 天土面喷施 10%草甘膦除草，用量为 1 千克/亩，或播种前一周内人工拔除杂草。播种前 10 天施腐熟有机肥 1 000 千克/亩，与床土充分混合均匀后按要求制作苗床。4 月中下旬播种，播种量为 2.5～4 千克/亩，均匀撒播，播种后覆土 1～2 厘米，并保持 5 厘米水层，出苗后（约 15 天）加深至 15 厘米水层，当苗长到 2 叶 1 心再加深至 20 厘米水层。起苗前 3 天施出嫁肥，撒施三元复合肥（15∶15∶15）15 千克/亩。

## 188. 怎样进行芡实的移栽？

苗长到 2 叶 1 心时，移到大田假植。假植密度为株行距 100 厘米×230 厘米，每穴假植 1 株。苗长到 5 叶 1 心时，移栽到大田定植。定植前 25 天，土面喷 10%草甘膦除草，用量为 1 千克/亩。定植前 10 天撒施三元复合肥 15 千克/亩，深耕整地，并在四周筑高 50～60 厘米、上底宽 40 厘米、下底宽度 65 厘米的梯形田埂。5 月中下旬，当苗龄 25～30 天、主侧根十条以上、叶龄 4～5 叶、叶片直径达 25～30 厘米时即可挖穴定植，穴与穴横竖对齐，每穴长度与宽度各 50～60 厘米，深度 20 厘米，穴内施入腐熟有机肥，用量 750 千克/亩。定植行株距为 230 厘米×230 厘米，每穴定植 1 株，种植密度 120 株/亩。移栽后一周内应及时查苗补苗，防止缺株。栽后以浅水灌溉为主，保持水层 15～20 厘米。成活后加深水层至 20～30 厘米，旺盛生长后期或进入开花结果期，宜加深水层至 50～60 厘米。

### 189. 芡实如何追肥？

追肥以三元复合肥为佳，第一次追肥于种苗移栽成活后，亩施 15 公斤；15～20 天后第二次追肥，亩施 15 千克；第三次追肥于收获二批果实后（8 月中旬），亩施 10 千克。除草宜采用人工，同时结合根际壅土。第一次除草于移栽后 15～20 天进行，15 天后第二次除草，收获前 20 天（6 月底）停止除草。

### 190. 芡实主要有哪些病虫害？如何防治？

（1）叶斑病　属真菌性病害，7～9 月发病较多，病菌的袍子依靠风、雨水和气流传播。发病初期叶缘有许多圆形病斑，初为暗绿色，后转为深褐色，有时具轮纹，直径 3～4 毫米，最大者可达 8 毫米，极易腐烂穿孔。潮湿天气病斑上长出灰色霉层，严重时病斑相互联合，形成大斑，甚至全叶腐烂，造成严重减产。防治方法上除轮作和生育后期增施磷、钾肥，不偏施氮肥外，还可发病初期叶面喷雾 70％甲基托布津可湿性粉剂 800～1 000 倍液，或 50％多菌灵可湿性粉剂 600～1 000 倍液。两种药剂交替使用，每周 1 次，共喷 2～3 次。及时摘除发病较重的病叶，移出销毁或深埋，以减少进一步传染。

（2）叶瘤病　属真菌性病害，7～8 月发病较多。初发病时叶面出现淡绿色黄斑，后隆起肿大呈瘤状，上有轮纹，直径为 4～40 厘米，高 2～8 厘米。当病瘤长到很大时，常使整个叶片

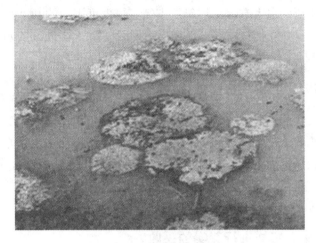

叶斑病

都受累下沉，并使芡花也不能出水开花，影响光合作用和花朵受精、结果。防治方法上除轮作、人工摘除病部和控制氮肥外，在发病初期的 10～15 天内叶面喷雾 70％甲基托布津可湿性粉剂 800～1 000 倍液加 0.2％磷酸二氢钾，每 5～7 天一次，共 2～3 次。

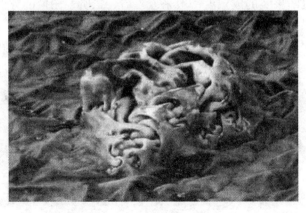

叶瘤病

主要的虫害有蚜虫和斜纹夜蛾。蚜虫可用 10%吡虫啉粉剂 2 000～3 000 倍液喷雾；斜纹夜蛾可用奥绿 1 号 500～600 倍液或 5%抑太保乳油 2 000～3 000 倍液喷雾。

## 191. 芡实病虫害如何绿色防控？

芡实病虫害的防治以农业防治、物理防治和生物防治为主，主要采用人工方式捕杀害虫，及时清除田间水生杂草、浮萍，控制氮肥用量，增施有机肥和磷钾肥，提高植株抗逆性。同时，进行合理轮作，每年 5 月底施生石灰粉消毒，亩用量为 5 千克。

## 192. 怎样进行芡实的采收？

一般自 8 月上旬开始采收，宜分期分批进行，每 7 天采收一批，整个生育期共收 10 批左右。前一批果实要待后一批果实花开后回落到叶底下时方可采收，一般花开回落后在叶面上都留有洞口。

速冻芡实宜采收较嫩的果实，干芡实宜采收中度成熟的果实，判断果实的成熟度一般采取一看、二听、三摸的方法。较嫩的果实，果皮呈浅红带白，花蒂仍呈张开状，手摸有平坦感，手一捏"咔"的一声会响，茎轻轻一拉易起来；中度成熟的果实，果皮呈红色，花蒂紧闭，手摸有凹凸感，手一捏皮内种子

芡实的采收

往边上滑。采收工人宜穿上田袜，带上皮手套，先用自制的竹片刀（20厘米长）从根基部挖开一个洞，洞直径约30厘米，然后将可采摘的果实拉出水面，最后用竹片刀从果实基部割断。保鲜速冻的果实采收后应及时置放于阴凉处，避免烈日下曝晒，并在常温下24小时内进行加工处理。

### 193. 芡实如何留种？

选择经过提纯复壮后符合本品种特征特性的种子作繁种材料，并划定留种田，根据留种量的多少确定留种面积。在生长期间选择植株生长旺盛，无病虫害，有2～3张大叶（2米以上），1～2张小叶（1米左右），叶面青绿，小叶光滑的植株为留种株。采收果形硕大子粒饱满的成熟果实为留种果。去掉外层的果实壳，取出种子（注意不要去掉外层的假种皮），直接将其放在能装25千克左右的编织袋中，在编织袋上扎几个透气孔，然后放入河水中，用淤泥覆盖保存。

### 194. 怎样剥制芡实米？

剥芡米的速度主要决定于芡实的种类与芡实果的成熟程度，正常的情况下，芡实果在七成熟时采收回，再通过去皮、去衣、清洗后，筛选出5厘米以上的芡实子进行人工剥壳加工。人工剥壳方法主要是首先使用特制的钳子钳除芡实子的一半壳，再把芡实子的另一半壳钳掉，便得到完整的芡实米。根据多年来芡实子剥壳经验，平均2.5千克芡实子能剥0.5千克左右芡实米，一人每天8个小时可剥2千克左右的芡实米，再经过蒸、烘、晒干后，可产干芡实米约1.0千克。

目前市场上已有剥芡实的机械问世。由湖南联合机械制造厂生产的老芡实剥壳机，一台一小时产量是15千克。杭州径海园生态农业开发有限公司研发的芡实剥壳机，一台一小时产量达到 25 千克，并且可对 0.7～1.4 厘米芡实子进行五级分级剥壳，剥壳速度不仅快，而且具有剥出来的果实颗粒完整、破损少等优点，真正解决了芡实剥壳难题，有利于芡实产业规模化发展。

慈 姑 篇

## 195. 慈姑的种类和分布？

慈姑为泽泻科慈姑属慈姑亚属，多年生水生草本植物，别名剪刀草、燕尾草。慈姑以地下茎供食用，可煮食、炒食或生产淀粉。慈姑原产我国，南北朝《名医别录》（公元 526 年前后）就有记载。慈姑分布范围较广，我国南北各地均有分布，华南地区和长江流域栽培普遍，其中江苏太湖、里下河地区及珠江三角洲为主产区。

## 196. 慈姑的植株有哪些特征？

慈姑为挺水植物。根系为须根系，肉质，具细小分枝，无根毛，多从短缩茎基部发生，部分须根还能从叶柄基部穿孔而出。须根长 20～30 厘米，有的如线状的短须。茎分为短缩茎、匍匐茎和球茎三种。短缩茎上向四周抽生匍匐茎，茎长 30～50 厘米，粗约 1 厘米，入土深 25 厘米左右，一般每株约有匍匐茎 10 多条。在匍匐茎的末端膨大成为球茎或形成分株。球茎高 3～5 厘米，横茎 3～4 厘米，球形或卵形，每个球茎有 2～3 道环节，环节上覆有很薄的膜质鳞片，每节 1 芽，球茎顶端有弓形喙状顶芽。叶片箭形，顶部裂片呈椭卵圆形，先端尖或圆钝，下部裂片披针形，叶柄粗大而中空。总状花序，轮状排列，雌雄异花，花瓣倒卵形，花白色，每朵花雄蕊 20 枚左右。心皮多数离生，果实为瘦果，斜阔倒卵形，两侧扁，内有种子。

慈姑球茎

慈姑的田间长相

## 197. 慈姑的生长发育阶段有哪些?

慈姑一般于清明前后育苗，苗期 40～50 天，5～6 月假植，7～10 月定植，12 月至翌年 2 月采收。按其生长发育过程可分为萌芽生长期、旺盛生长期及结球期，各个时期对环境条件有不同要求。

(1) **萌芽生长期** 当平均气温达 14℃，球茎顶部就可以萌发，抽生出 1～2 片叶。叶片与叶柄无明显界限，顶芽下部 1、2 节伸长，第 3 节生白色线状须根。因此，播种时，要求第 3 节入土，以便初生根系能在土内生长。在此时期，植株生长比较缓慢，水层保持在 3 厘米左右，以利发根和生长。

(2) **旺盛生长期** 从植株抽生正常叶到球茎开始膨大时为止，属慈姑旺盛生长时期。初期发生的叶细小，随后发生的叶较大。气温高，叶片生长快，约 5 天左右长出 1 片新叶。当植株具有 7 片大叶时，便开始向地下抽生匍匐茎，叶片生长与短缩茎生长有一定关系，一般短缩茎增加 1 节，就增加一片新叶，每抽出 1 片新叶，则生出一条匍匐茎，可见叶片旺盛生长期也是匍匐茎迅速生长的时期。因此，在栽培上此期水肥要充足，水层要适当加深，保持 10～15 厘米，使植株生长不要过旺，但也不宜过深，以免推迟结球，影响产量。

(3) **结球期** 从球茎刚开始膨大到采收为止，一般需要 25～40 天，在寒露以后，气温渐低，日照渐短，地上部叶片生长缓慢，长在泥中的匍匐茎尖端开始积累养分，膨大形成球茎。球茎形成好坏，与前期植株生长和结球时气温有关。结球期内要求有足够的叶面积，稳定适宜的低温和日照，合理控制田水深度和肥水供应，才能结出良好的球茎。

## 198. 慈姑对生长环境有什么要求？

(1) **温度** 慈姑在平均气温达到 14℃以上时，球茎的顶芽开始萌发抽叶。以后随着气温的升高，生长迅速。在土温较高时，地下匍匐茎的先端向地面生长，抽出叶片，基部长出新根，形成分株苗。在高温季节，一个母球茎可以育出许多幼苗。当气温下降至 20℃以下时，匍匐茎不再向地面生长，它的先端积累养分，膨大而成为球茎。14℃以下时，新叶停止抽生。8℃以下或遇霜时，植株地上部枯死。

（2）水分　慈姑在整个生长期，都要求有较多的水分，但不同的生长期，对水分的要求不同。萌芽生长期水层宜浅，以利于植株的分株和生根；旺盛生长期，水层应适当加深，以适当控制植株生长；结球期水层应由深到浅，以利于球茎的形成和成熟。

（3）光照　慈姑对日照的要求不严格，但在日照较短、光照较充足的条件下有利于球茎的形成，能获得较高的产量。

（4）土壤　要求土壤含有机质较多的黏土或黏壤土，达到深软、肥沃。如生长在瘦瘠或表土层过于糊熟的土壤中，则地上部生长差，结球细小，畸形，品质差，产量低。

### 199. 慈姑有哪些营养和药用价值？

慈姑具有较高的营养价值，每 100 克新鲜球茎中含水分 66 克、蛋白质 5.6 克、碳水化合物 25.7 克、脂肪 0.2 克、粗纤维 0.9 克、灰分 1.6 克、磷 260 毫克、钙 8 毫克、铁 1.4 毫克、还有维生素 B、维生素 E、胆碱等。慈姑含有秋水仙碱等多种生物碱，有防癌抗癌肿、解毒消痈作用，常用来防治肿瘤。中医认为，慈姑主解百毒，能解毒消肿，利尿，用来治疗各种无名肿毒、毒蛇咬伤。慈姑含有多种微量元素，具有一定的强心作用，同时慈姑所含的其他有效成分具有清肺散热、润肺止咳的作用。

### 200. 慈姑的品种有哪些？

在栽培学分类上，慈姑可分为栽培慈姑和野生慈姑。中国栽培慈姑按照球茎颜色可分为黄白慈姑和青紫慈姑两种类型，其中，黄白慈姑优良品种有'苏州黄'、'绍兴调羹种'、'沈荡慈姑'、'南昌慈姑'、'沙姑'、'马蹄姑'等。青紫慈姑品种有'刮老乌'、'高淳红皮'等。

**'苏州黄'** 江苏苏州市郊区地方品种。晚熟，生长期210～220天。株高80～100厘米，开展度80～90厘米。叶箭头形，长20厘米，宽22厘米，浅绿色，叶柄长80厘米。球茎卵圆形，纵径7厘米，横径5厘米，皮黄色，肉黄白色，单个重30～50克。球茎明显特征之一是有三道"箍"，顶芽和球茎处分界不明显。球茎质地坚实，粉质，味清香，少苦味，品质佳。亩产600～1 000千克。较耐贮藏，对黑粉病有抗性。

**'绍兴调羹种'** 浙江绍兴农家品种。中熟，生长期200天左右。株高150～160厘米，开展度110～120厘米。叶箭头形，叶长40～45厘米，宽17～19厘米，黄绿色，叶柄浅绿色，长120厘米左右。球茎卵圆形，纵径5厘米，横径3.5厘米，皮黄褐色，单个重45.5克。球茎肉质致密，含淀粉量高，品质好。亩产1 500千克左右。耐贮藏性好。

**'沈荡慈姑'** 浙江海盐沈荡地方品种。晚熟，生育期220天，株高70～80厘米，开展度50～60厘米，叶片基部箭形，先端急尖，叶长30厘米，叶宽20厘米，淡绿色。球茎椭圆形略扁，纵径5.5厘米，横径4厘米，皮淡黄色，肉黄白色，单个重30～35克，球茎肉质柔嫩，含淀粉较多，无苦味，品质好。亩产量1 000千克左右。植株抗逆性较强。

**'南昌慈姑'** 南昌地方品种。晚熟，生长期210天，株高110厘米，叶簇丛生，开展度80厘米。叶箭头形，长15厘米，宽18厘米，黄绿色，叶面光滑，有少量蜡质，叶柄长80厘米，横断面三角形，绿色。球茎长卵圆形，纵径5.5厘米，横径5厘米，表皮灰白色，有2～3轮深褐色鳞片，单个重35～45克。肉质松爽，味略苦，品质中等。亩产1 000千克。不耐贮藏。

**'沙姑'** 广州市地方品种。早熟，生育期110～120天，株高70～80厘米，开展度60～70厘米，叶狭箭头形，长35厘米，宽8厘米，绿色，叶柄细而直立，长70厘米，粗2.5厘米。球茎卵圆形，纵径5厘米，横径4厘米，具2～3道环，单果重 30～50 克，皮、肉均黄白色，含淀粉多，肉质松，无苦味，品质好。亩产 1 000 千克左右。抗逆性较强，耐贮性较差。

'刮老乌'　又名宝应紫圆，江苏宝应地方品种。中熟，生育期约 200 天，株高 100 厘米左右，开展度 70～80 厘米，叶片宽，箭头形，深绿色，叶长 38 厘米，宽 24 厘米，叶柄长 60～80 厘米，较粗壮。球茎圆球形，纵径 4～5 厘米，横径 4～4.5 厘米，表皮乌紫色，肉白色，单个重 25～40 克，球茎质地致密，淀粉含量高，稍带苦味。亩产 800～1 000 千克。耐贮藏，植株对黑粉病抗性较强。

'高淳红皮'　原产江苏省高淳县，江苏地方品种。中熟，生育期约 200 天，株高 80～100 厘米，开展度 70～80 厘米，叶箭头形，深绿色，叶长 35 厘米，宽 20 厘米，叶柄长 60～70 厘米，较粗壮。球茎微扁圆形，纵径 3 厘米，横径 3.5 厘米，表皮淡红带紫红色，肉白色，单个重 20 克左右，球茎质地致密，淀粉含量高，稍带苦味。亩产 1 000 千克左右。耐贮藏，植株对黑粉病抗性较强。

知识点

## 二大栽培慈姑介绍

中国栽培慈姑按照球茎颜色可分为黄白慈姑和青紫慈姑两种类型。黄白慈姑球茎多为卵圆形或扁圆球形，皮黄色或黄白色，肉质较松，基本无苦味，耐储性和抗逆性差；青紫慈姑球茎近圆球形，皮青色或青紫色，肉质较紧密，有苦味，耐储性好，抗逆性强。

### 201. 怎样选择适于当地栽培的慈姑品种？

各地要根据当地气候条件、茬口安排及当地种植习惯选择适栽品种。苏杭地区一般为种植一季早稻，或在双季茭白采收后种植慈姑，可选择'苏州黄'和'刮老乌'。

### 202. 慈姑如何育苗？

慈姑的种子具有繁殖力，但用种子繁殖时，当年所结球茎个体小且形态不一。因此，除了育种上利用种子繁殖外，生产上采用球茎育苗法和球茎顶芽育苗法。无论采用哪种繁殖方法，都要选用匍匐茎短、结球集中、单株球茎多、成熟肥大、具有本品种特性、顶芽粗短而弯曲的球茎作种。

育苗一般在 2～3 月气温回升至 15℃ 以上时进行。顶芽育苗法在慈姑产区是常用的方法。在留种田挖取种球茎后 1～2 天，在紧贴球茎与顶芽的处摘下顶芽（约有 3 节以上芽茎），插到预先准备好的育苗田。插芽时必须把倒数第三节插入土中，达到顶芽入土 2/3，插播行株距为 10 厘米×10 厘米。插顶芽后水深保持 2～4 厘米，约 10～15 天后开始发芽生根，然后抽叶成苗，当幼苗长出 2～3 片叶时，每亩撒施尿素 2 千克，促使幼苗生长健壮整齐。随着气温升高和幼苗生长的加快，地下匍匐茎顶芽向地面生长窜出土表，制根抽叶，发育成分株。当分株达到一定数量，并有 3～4 片叶、苗高 26～30 厘米时即可将这些分株移栽到大田。育苗田与大田比例为 1：12～15，每亩育苗田需顶芽约 10 千克（需种球茎 70～80 千克）。

### 203. 慈姑如何大田定植？

在定植前，栽培地应深翻约 25 厘米，每亩施腐熟厩肥 2 500～3 000 千克、氯化钾 15～20 千克作基肥，施后耙平即可定植。定植规格为株行距 40 厘米×50 厘米，亩密度 4 000～5 000 株。定植时将分株苗带根掘出，摘除老根老叶，只留下新根和 4 片左右新叶，用手捏住顶芽基部，将根插入土中，深度以 9~12 厘米为宜，使苗栽稳土中。栽完全田后，随即在田边另插少量预备苗，以备补缺。

### 204. 慈姑怎样合理施肥？

慈姑以基肥为主，基肥充足，一般不再追肥，特别是前期防止肥水过多，植株生长过旺，田间通风透光差，导致减产，合理的追肥对增产有一定的作用。9 月后气温逐渐降低，而新叶仍继续旺盛生长，匍匐茎不断抽出，开始形成球茎，此时追肥最为合适，可根据植株生长情况，追肥 2~3 次，每次撒施尿素 8~10 千克。

### 205. 慈姑如何进行水分管理？

整个生育期的水分管理，以保持"浅—较深—浅"和严防田水干涸为原则。一般在苗期保持 3 厘米左右的浅水，以提高土温，促进生长；在高温多雨情况下，应注意适当放水搁田，以防引起徒长；高温干旱季节应在早晨或深夜适当深灌凉水，水层达 12~13 厘米，适当深灌和勤换凉水，既可保证慈姑植株旺盛蒸腾和生长对水分的需求，又可改善田间小气候条件，减轻高温的不良影响，发挥防暑降温作用，保证植株健壮生长，抑制病害的发生和蔓延。8 月中旬以后，气候转凉，宜再恢复浅水，一般以 8~10 厘米为宜。到 9~10 月植株大量结球阶段，还要落浅到 3~5 厘米，最后保持土壤湿润即可。

### 206. 慈姑如何进行中耕除草？

中耕一般在植株有 6~7 片叶时开始，直到抽生匍匐茎时结束，以免踩伤匍匐茎。中耕应结合除草，把田间杂草和枯黄叶，以及匍匐茎形成的分株清除，埋入泥中。一般中耕 3 次，种植较迟的，中耕一次也可。

## 207. 慈姑有哪些病虫害？如何防治？

（1）慈姑黑粉病　属真菌性病害，小暑后高温高湿，叶片过密，通风不良和连作易发病。发病后叶片和叶柄上呈黄绿色瘤状突起斑泡，手指揿病斑，有白色淡液流出，最后病泡枯黄破裂散出黑色粉粒（即孢子）继续传染，造成减产。防治方法是实行轮作，摘除老叶、病叶，改善通风透光条件，发病初期喷 0.1％硫酸铜液（亩用 150 克硫酸铜加水 150 千克），或喷 0.5％等量式波尔多液，或 50％多菌灵超微可湿性粉剂 500 倍液，每隔 7～10 天一次，共 2～3 次。多雨天气，雨后及时进行补喷，直到天气转凉时为止。

慈姑黑粉病

（2）慈姑斑纹病　属真菌性病害，主要危害叶片，也危害叶柄，主要以菌丝块附着于病部越冬，翌年春条件适宜时，产生分生孢子，借气流传播。叶片上的病斑褐灰色，呈圆形、椭圆、多角或不规则形，上稍生呈同圈状灰色霉层，直径 1.5～15毫米，周围具明显的黄绿色或深绿色晕带；叶柄上的病斑，呈褐色，短线状。防治方法是及早清除田间杂草，收集烧毁遗留田间的病残株组织，注意氮、磷、钾肥料的配合施用，防止氮肥偏多。发病初期喷 0.5％等量式波尔多液尔多液，或 70％甲基托布津 800～1 000 倍液喷雾防治。喷用时间与防治黑粉病相同。

（3）慈姑褐斑病 属真菌性病害，主要危害叶片，在叶上密生细小的深褐色斑点，小斑点上常着生白色小点，为病菌的子实体。该病发生比较普遍，但危害比上述 2 种病害为轻其传播途径、发病条件和防治方法与慈姑斑纹病均基本相同，可以统筹兼治。

（4）蚜虫 长江流域于 4 月下旬至 5 月上旬开始迁至慈姑等水生蔬菜上繁殖危害，华南地区 3～4 月即有发生，主要为害嫩叶，集中吸食汁液，造成新叶卷缩，植株生长不良。该蚜冬季以卵在桃树等核果类果树上越冬，春季孵化繁殖 4～5 代后即发生有翅蚜迁飞到慈姑上危害，在慈姑等水生蔬菜上可繁殖 25 代左右，10 月中旬又开始迁回至越冬寄主核果类果树上，交配产卵。气温在 22～30℃之间，相对湿度在 80％～85％之间，最适于该蚜虫的繁殖。防治方法是发生初期用 2.5％溴氰菊酯乳油（敌杀死）2 000 倍液，或 25％氰戊菊酯（速灭杀丁）乳油 3 000～4 000 倍液喷雾防治。

（5）钻心虫 长江流域一般在 7～9 月发生，成虫产卵于叶片或叶柄，孵化幼虫后，即钻入叶柄内蛀食使被害叶折断凋萎。防治方法是在种植前清除慈姑残茬，消灭越冬幼虫。在幼虫孵化初期，及时用 40％乐果乳油 1 000 倍液喷治。如幼虫已钻入叶柄蛀食，造成挂叶现象，要及时将病叶连同叶柄一起捺入泥中沤杀。

## 208. 怎样进行慈姑的采收？

当地上部分茎叶完全枯黄时即可采收，时间在 10 月底至 11

月初。长江流域在初霜后,即 10 月下旬至 12 月上旬,华南地区于 12 月至次年 2 月种植前,即从地上部枯黄至次年球茎发芽前均可应市场需要随时采收。但长江流域以 12 月、华南地区以 1 月份收获产量最高,因为慈姑地上部叶片经霜冻枯死后,其短缩茎中贮存的养分仍不断地输入球茎,使球茎进一步充实。尤其是留种田,更要适当延迟收获。长江流域以南地区,慈姑球茎可在土中安全过冬,故可延至早春采收,但为了增加复种指数,一般多在冬季收完。收获前 10~15 天排干田水,割去叶片,用齿耙剥去 13~17 厘米土层,用手挖取。

## 209. 慈姑如何选留种球?

在慈姑生长后期,即要对留种田进行片选或株选。选择生长健壮,基本无病虫害,不抽苔开花的田块或单株作为种株。球茎收获后再选择球茎符合本品种的形态特征,大小适中,顶芽粗壮而又比较弯曲的留种。用这种球茎作种长成植株不易徒长,既有丰产性,又有一定的早熟性。留种的球茎要及时折下顶芽,立即用 25%的多菌灵 300 倍液浸泡 15 分钟,捞出晾干后即可贮藏。每 100 千克慈姑球茎约可折取顶芽 12~15 千克,可供种植一亩大田之用。

## 210. 怎样贮藏慈姑的球茎?

球茎采收后到第二年萌芽前为休眠期,生理代谢缓慢,只要将贮藏温度控制在 7~12℃,相对湿度控制在 50%~60%便可防止受冻,又可防止提早萌芽。具体贮藏方法有

(1) 田间贮藏法 慈姑球茎成熟、地上部植株枯死后,齐地面割除茎叶,每隔 3~5 行在原栽植行间挖一条 30 厘米宽深的沟,所挖出的土覆于畦面,开沟可排除积水,防止球茎腐烂,覆土可以防冻,并保持土壤湿润,如遇冬旱,在田面适当浇水。贮藏期间可根据市场需要陆续采收,可保持球茎新鲜,品质不

变，必要时还可在田面栽植过冬菜。

（2）堆藏法　此法在室内、外均可应用。露地贮藏时，应选地势高爽而又背阳处，用砖砌成池，深 1 米左右，池底先铺一层干净细沙，厚 5 厘米左右，后放入球茎，厚约 3～4 厘米，盖一层 7～8 厘米半干半湿的细沙或细土，再放一层球茎，这样堆至离池口 10 厘米左右时覆土，使顶呈馒头状，并在四周挖排水沟，在顶部盖上薄膜，用砖压好，防雨水渗入。室内堆藏，可选室温比较稳定，无阳光直射，贮藏期可保持 7～10℃的屋角，用砖码成围框，然后按屋外堆藏一样的方法在围框内堆藏。

（3）窖藏法　选地势高燥、排水良好处，挖一地窖，窖深50～60 厘米，窖口直径 60～70 厘米，拍实窖底和四周，先在窖底铺 6～8 厘米厚的干净稻草，然后将慈姑球茎或其顶芽与半干半湿的细土或河沙拌和，倒入窖中贮藏，也可一层球茎、一层细土或河沙，层层相间，贮至近窖口 6 厘米为止，上盖一层干净稻草，再用干土盖严，厚约 20～30 厘米，使土面呈馒头形，并拍实，防止雨水渗入。

以上不论何种贮藏法，贮藏前必须检查剔除挖破的球茎，并须摊晾至球茎表面干燥后才可入贮。贮藏期间定期检查，如有意外，及时处理。

# 蒲 菜 篇

## 211. 蒲菜主要分布在哪里？

蒲菜为香蒲科香蒲属多年生宿根性水生植物，又名蒲芽、蒲白、草芽等，蒲菜是以食用雪白、脆嫩的假茎为主，因此又得名"象牙菜"。蒲菜原产于中国，其野生种虽在世界各国沼泽地上几乎均有分布，但只有在中国作为蔬菜栽培。多生于河湖沿岸、沼泽及浅水中，我国山东、江苏、浙江、四川、湖南、陕西、甘肃、河北、云南、山西等地都有分布，以南方水乡最多。

### 链接

蒲菜入宴在我国已有两千多年历史，《周礼》上即有"蒲菹"的记载。明朝顾过诗曰："一箸脆思蒲菜嫩，满盘鲜忆鲤鱼香。""蒲菜佳肴甲天下，古今中外独一家"，这是在江苏淮扬地区广为流传的民间歌谣。

蒲菜植株

## 212. 蒲菜有哪些营养价值和保健功能？食用部位有哪些？

据测定，每 100 克蒲菜嫩茎中含蛋白质 1.2 克，脂肪 0.1 克，碳水化合物 2 克，膳食纤维 4 克，维生素 C 6 毫克，钙 53 毫克，磷 24 毫克。此外，还含有维生素 $B_1$，维生素 $B_2$，维生素 E，胡萝卜素及谷氨酸等 18 种氨基酸。同时，蒲菜不仅是美味佳蔬，而且是食疗良药。其味甘性凉，能清热利血、凉血。祖国医学认为，蒲菜主治五脏心下邪气、口中烂臭、小便短少赤黄、乳痈、便秘，胃脘灼痛等症。久食有轻身耐老、固齿明目聪耳之功；生吃有止消渴、补中气、和血脉之效。

蒲菜按其食用部分的不同，大体可分为三类：第一类是由叶鞘相互抱合而成的假茎内层白嫩部分；第二类是白长肥嫩的地下匍匐茎；第三类是白嫩如茭白的短缩茎。但其共同特点均表现洁白柔嫩，清香爽口，可炒食、烩制和做汤等，是一种风味别致的特产蔬菜。

知识点

第一类代表性产品有山东济南大明湖及江苏淮安勺湖的蒲菜；第二类代表性产品有河南淮阳的陈州蒲菜及云南建水一带的建水草芽；第三类代表性产品有云南元谋的席草蒲菜。

蒲菜产品器官

## 213. 蒲菜植株有哪些形态特征？

蒲菜株高 1.4～2 米。根为须根系，环绕短缩茎基部向四周地下生长，长 30～60 厘米，新根白色，老根黄褐色，地下匍匐枝的茎节上也常发生少量须根。茎有短缩茎、地下匍匐茎和花茎 3 种，短缩茎为每一单株的主茎，在短缩茎密集的节位上，抽生叶片，其叶鞘互相抱合形成假茎。从短缩茎基部的叶腋中，向土中横走，抽生地下匍匐茎，长 30～60 厘米，其顶芽转向地上生长，分生新株，主要以分株进行无性繁殖。花茎由短缩茎中心顶芽抽生，高 1.6～2.5 米，因品种和环境条件不同而异，在其先端着生花序。叶片细长扁平，披针形，深绿色，质轻而柔韧，长 1.3～1.4 米，宽 1.2～1.5 厘米，光滑无毛。叶鞘抱茎，长 30～50 厘米，互相抱合，形成假茎，外表淡绿色，有些品种带紫红色。单株具叶 6～13 片不等，因品种和栽培条件而异。叶在植株上两边分开生长（对生）。花序着生于花茎先端，雌、雄花序紧密连生，为圆筒状肉穗花序，花单性，雄花序在上，雌花序在下，形似蜡烛，呈灰褐色。雄花序长为 3.5～12 厘米，具叶状苞片 1～3 枚，花后脱落。雄花通常具有雄蕊 2 枚，花药长约 3 毫米，花丝长于花药。雌花序长为 5～22.6 厘米，含多数雌花，授粉受精后结为小坚果，长 1～1.2 毫米，褐色，内含细小的种子，椭圆形。

专家告诉您：蒲菜属于特种蔬菜，种植面积小，消费群体也局限于原产地，人们对于它的认识也不足，常有人将它与菖蒲混淆。蒲菜是香蒲科植物，而菖蒲是天南星科菖蒲属多年生挺水草本植物，二者植株形态有相似之处，都通过地下茎分株繁殖。最明显的区别在花器官的形态上，菖蒲肉穗花序花两性，叶丛翠绿有香气；蒲菜肉穗花序花单性，下部雌花序成熟后会散发絮状物，植株无香气。

## 214. 蒲菜生长发育分几个时期？

蒲菜虽也能结种子，种子有繁殖能力，但种子细小，繁殖困难，且有性繁殖不易保持原有品种的性状，故生产上均采用无性繁殖，其每年生育周期，约可分为四个时期。

（1）萌芽生长阶段　从春季温度回升达 10℃ 以上，短缩茎和匍匐茎上越冬休眠芽萌发生长形成新株，到新株长出第一对叶片时为止。本阶段萌芽生长主要依靠上年老株贮藏的养分，要求春季气温上升较快，水位较浅，以利土温的升高，促进贮藏养分的转化，早日形成新株。

（2）旺盛生长阶段　从新株长出第一对叶片以后开始，生长加快，到秋季天气转凉、生长明显减慢为止。本期气温升至20℃以上，新株已建成较完整的同化系统，依靠本身吸收和同化的养分，扩大营养器官，新株迅速成长，同时从其短缩茎的叶腋中陆续向左右两侧土中抽生匍匐枝，各匍匐枝的顶芽又先后转向地上部萌生分株；一次分株成长以后，又可抽生匍匐枝，萌生二次分株。在夏季3个月内，气温在20～30℃，一般可萌生二、三次分株，具体分株数因品种和栽培条件不同而异。在本阶段的中、后期，部分早期成长的单株，其短缩茎顶芽抽生花序和开花结实，具体抽序开花株数的多少及其占总株数的比例，也因品种和栽培条件不同而异，栽培上要求尽量减少抽序开花植株，增加可采收主产品的植株比例。

（3）缓慢生长阶段　从植株生长明显减慢、基本上不再萌生分株开始，到地上部完全停止生长为止，本阶段气温一般在10～20℃之间，植株抽生新叶减少，以至完全停止抽生，体内养分多向短缩茎和地下部输送和贮存。

（4）越冬休眠阶段　从植株地上部枯黄开始，到第二年春季短缩茎和地下匍匐茎开始萌芽为止。本阶段气温多在10℃以下，植株进入休眠状态。一般在淮河和长江流域，为四季分明的气候，蒲菜休眠期较长；而在云南产区，由于冬季较短，且气温较高，无明显结冻现象，蒲菜休眠阶段也相应较短，有些年份甚至无明显休眠阶段。

## 215. 蒲菜的生长发育需要什么样的环境条件？

蒲菜为喜温性喜光蔬菜，其生长适温15～30℃，是浅水生挺水植物，其最适水位20～40厘米，能耐水深70～80厘米，生长期间需要大量水分，越冬休眠期间只需保持浅水或土壤充分润湿即可。由于不同类型的品种，食用器官不同，对水位的要求也不同。如建水草芽食用地下匍匐茎，生长期间只要保持7～10厘米的浅水；而淮安蒲菜食用地上部假茎，就要求水位保持30～50厘米，使假茎大部分处于水中，较为白嫩。蒲菜对土壤要求不严，在黏土和沙壤土上都能生长。

## 216. 蒲菜的主要品种有哪些？

'**大明湖红蒲**' 原产山东省济南市大明湖。株高200厘米左右，叶鞘部分带红色，叶细而薄，单株分株数3～4个，生长较慢，晚熟，假茎内层部分和短缩茎肉质柔嫩而细致，每亩产量350～400千克，品质优良。

'**大明湖青蒲**' 原产地同上，株高250厘米左右，叶鞘部分带绿色，叶片较小而厚实，生长较快，早熟，采收应及时，否则易抽穗开花。假茎内层部分和短缩茎肉质较柔嫩，每亩产量400～500千克，品质较好。

'**淮安蒲菜**' 原产江苏省淮安市月湖，分布于江苏省北部宝应湖、洪泽湖边缘浅水滩地。株高200厘米左右，叶扁平披针形，叶鞘层层抱合，形成假茎，色白带淡绿色，圆柱形，粗2厘米左右，单株一年抽生2～3次分株，分株数较多，假茎内层叶鞘和心叶洁白、清香、脆嫩，品质优良，一般每亩产量200～300千克。

'**淮阳蒲菜**' 原产河南省淮阳县护城湖中。株高200～300厘米，叶片长160～175厘米，宽1厘米左右，叶鞘长40～50厘米，以假茎内层幼嫩叶鞘及心叶供食用。每亩产量350～450千克，品质较好。

'**建水草芽**' 原产云南省建水县，分布于建水、思茅、蒙自、开远等县（市），而以建水栽培面积最大。株高80～130厘米，叶长披针形，长60～80厘米，宽1.5～2厘米，其抽生的地下匍匐枝长 20～30 厘米，粗 0.9～1.3 厘米，中心充实，即以此幼嫩的地下匍匐枝供食用，一年四季陆续抽生匍匐枝和萌生分株，故一年四季均有采收，一般全年可收 30～40 次，每亩产量 1 500～2 000 千克。产品洁白肥嫩，鲜甜可口，品质优良，是云南建水名特产。

> 提示：现有的蒲菜品种均是原产地长期栽培的无性系群体或野生种，其对环境条件的适应性有一定限度，且蒲菜无性繁殖，种株运输比较困难，故以就近选择和就近引种为宜。

## 217. 蒲菜如何栽培？

（1）假茎类蒲菜　以叶鞘抱合假茎、短缩茎供食用的蒲菜品种，选择水位较浅、汛期最大水位不超过 1.2 米、土壤淤泥层较深厚、富含有机质的沼泽或河湖沿边滩地种植。如水位过深或易于干旱，水下土壤过砂、过黏，均不宜选用。

（2）匍茎类蒲菜　以幼嫩匍匐茎供食用的蒲菜品种，对土壤和水位要求较严，要选择土质松软、淤泥层深厚的壤土或腐殖质土种植。重黏土易于板结，匍匐枝难以在土中伸长；夹沙土易使匍匐枝表面产生锈斑，且易折断，使其品质降低。以上二种土壤均不能种植。

春季气温回升达 15～20℃，蒲菜萌芽生长后期选苗栽植，种苗要求连根带泥挖起，随挖随栽。栽种深度 12～15 厘米，使植株不致倒伏或漂浮。前期保持 15～20 厘米浅水，利于土温增高，促进生长。后期水位控制在 30～40 厘米，过浅会导致产品缩短、品质变劣，过深会导致产品细长、影响产量。蒲菜的分蘖力强，生长周期短，幼嫩的根状茎如不及时采摘，会迅速抽出水面变为新的单株，应经常拨除过密的分株，保持通风透光。

连作 3～4 年后，地下盘根错节，植株长势衰退，必须更新换田。

## 218. 蒲菜如何采收与留种？

栽植当年一般采收 2～3 次，采后保持每平方米 10 株左右，并在田间分布比较均匀。3～4 年后，植株已趋衰老，长势衰弱，产量锐减，不宜继续连作，必须换田更新。采收后切去根部和上部叶片，保留 40～60 厘米的假茎，剥除外层叶鞘，即为白嫩的蒲菜。理齐、捆扎成束，即可上市。蒲菜产品不耐贮藏，采后必须当日上市。蒲菜留种多以无性繁殖为主，选取当年长势好、无病虫的分株留种即可。

专家告诉您：采收时要注意行走方向，以免踩断新茎。采收需从下而上顺序分层分期采收，手法上注意偏向旁侧，以免碰伤上层侧芽。

## 219. 蒲菜有哪些主要病虫害？如何防治？

蒲菜的病虫害主要有飞虱、螟虫等。飞虱可选用 10％吡虫啉可湿性粉剂 1 500 倍液、或 20％吡蚜酮可湿性粉剂 3 000～4 000倍液喷雾防治。螟虫掌握在蚁螟盛孵期，选用 20％康宽悬浮剂 3 000 倍液，或 50％杀螟松乳油 1 000 倍液喷雾防治。

豆瓣菜篇

## 220. 豆瓣菜主要分布在哪里?

豆瓣菜为十字花科豆瓣菜属二年生水生草本植物,别名西洋菜、水田芥、水䓤菜、水生菜,原产欧洲、地中海东部,19世纪由葡萄牙引入中国,在广东、广西、上海、福建、四川、云南、湖北等地都有栽培,其中以广东省栽培历史最久,栽培面积最大。在武汉、南京、北京等大中城市作为特色蔬菜上市,颇受市民欢迎。

链 接

### 中国引种豆瓣菜的传奇色彩

传说广东有位到葡萄牙经商的商人叫黄生,在异地经营不善却患上肺病。当地政府惟恐病情蔓延,下令将他驱赶到荒凉的野外加以隔离。当时黄生贫病交迫,饥饿和求生的欲望促使他去采摘长在浅水中的一种野菜充饥。过了一段时间,奇迹出现了,他病情有所缓解。连食数载,顽疾终于被"水菜"征服了。黄生恢复了健康,回到了里斯本继续经商，家道也渐渐殷实起来了，并娶妻生子。20 世纪 30 年代，黄生及夫人回乡探亲时，把这种"水菜"种子带回广东中山县故乡栽种，并将部分种子分赠给澳门的亲友，后来又引种到香港。从此，这种可蔬可药的水菜开始造福于国人，包括香港、澳门同胞。由于当时澳门人习惯称葡萄牙人为"西洋人"，故而将这种水菜称为"西洋菜"。如今，粤、港、澳人一直沿用这一名称，至于它的大名"豆瓣菜"，却很少有人知道。

## 221. 豆瓣菜的植株有哪些特征?

豆瓣菜全株光滑无毛，根细小、白色，须根颇多，茎匍匐或浮水生，多分枝，节上生不定根。茎为半匍匐性，长 30～50 厘米，茎中空，横截面圆形，粗 0.3～0.5 厘米，中下部各节的叶腋都可抽生分枝，呈丛生状。叶在茎上互生，奇数羽状复叶，小叶片 2～3 对，宽卵形、长圆形或近圆形，先端一片较大，长 2～3 厘米，宽 1.5～2.5 厘米。花为总状花序，顶生，从茎或分枝先端持出，长 8～15 厘米，花瓣白色，倒卵形或宽匙形，具

豆瓣菜植株

脉纹，长约 0.3～0.4 厘米，雄蕊 6 枚，雌蕊 1 枚，子房近圆柱形，长 0.4～0.45 厘米。开花授精后结圆柱形而扁的荚果，长 1.5～2 厘米，宽 0.2～0.4 厘米，每荚有种子 35～40 粒，成熟荚果易裂，种子甚小，扁椭圆形或近椭圆形，红褐色，表面具稀疏而大的凹陷网纹，千粒重 0.15 克。花期 4～5 月份，果期 5～7 月份。

## 222. 豆瓣菜有哪些营养价值和保健功效？

豆瓣菜口感脆嫩，营养丰富，适合制作各种菜肴，还可制成清凉饮料或干制品，食用价值较高。豆瓣菜的营养物质比较全面，其中超氧化物歧化酶（即 SOD）的含量很高，每 1 毫克鲜嫩茎叶中含 147 微克。含有丰富的维生素及矿物质，每 100 克鲜重中含还原糖 0.42 克、蛋白质 1～2 克、维生素 C 50 毫克、纤维素 0.3 克、钾 308 毫克、钠 15.2 毫克、钙 43 毫克、镁 11.5 毫克、磷 17 毫克、铜 0.05 毫克、铁 0.6 毫克、锌 0.12 毫克、锰 0.15 毫克、锶 0.7 毫克、硒 1.29 毫克。

豆瓣菜具有清热润肺、化痰止咳、利尿等功效，主治烦躁热渴、口干咽痛、肺热咳嗽。在广东珠江三角洲民间多用作冬季清热食物。因其性寒，凡脾胃虚寒，肺气虚寒之咳嗽及大便溏泄者均不宜食。豆瓣菜还有通经的作用，女性在月经前食用一些，就能对痛经、月经过少等症状起到防治作用。

## 223. 豆瓣菜的生长发育有哪些特征？

在中国南方，豆瓣菜一般都是在气温较低、日照较短的秋季和早春进行营养生长，到春末夏初气温升高、日照转长时逐渐进入抽薹、开花和结实；不开花类型营养生长也日趋缓慢，及至夏季高温季节，气温达到 30℃ 以上，进入相对休眠状态。其生长发育周期一般分为萌芽生长、冬前生长、春季生长和开花结实和越夏 4 个阶段。

（1）萌芽生长阶段　秋季气温降至 25℃以下，种子播后萌芽生长，直到形成具有根、茎、真叶等营养器官齐全的新株；或无性繁殖的种茎，其上各节相对休眠的腋芽萌发生长，各芽分别长成具有根、茎、叶的相对独立的新苗。本阶段生长量较小，吸收土壤营养不多，新株或新苗比较弱小，必须在温、光、水、气、肥等方面提供较为适宜的综合环境条件，同时此期内虫害发生较多，要及时防治，才能保证幼苗健壮生长。

（2）冬前生长阶段　从菜苗开始分枝起，到植株旺盛生长，多次分枝，随后随着气温的下降达 10℃以下，生长停止时为止。本阶段生长量较大，不断分枝，为冬前采收期，需不断采收，又不断供应水肥，以满足生长的需要。

（3）春季生长和开花结实阶段　春季气温逐渐回升，到15℃以上时，茎叶恢复和加快生长，再行分枝。待日照由短转长，气温升至 20℃以上时，开花类型的品种纷纷抽薹开花，随后营养生长基本停止，而转向于授精结实和种子成熟，母株也随之逐渐枯黄；不开花类型的品种，生长也逐渐转缓，以至基本停止。

（4）越夏阶段　夏季气温逐渐升高达 25℃以上，不开花类型的品种生长基本停止，部分茎叶开始枯黄，而在部分比较充实茎节的叶腋中形成腋芽，进入被动的相对休眠状态，度过炎夏。本阶段植株生理活动比较微弱，不耐 35℃以上的高温和干旱，必须努力保持土壤湿润和小气候条件的凉爽，防止烈日蒸熏或晒干，保护安全越夏。

## 224. 豆瓣菜的生长发育需要什么样的环境条件？

豆瓣菜喜冷凉、不耐寒、不耐热。一般在秋季栽植，冬春收获。豆瓣菜生长最适温度为 15～25℃，20℃左右生长迅速，品质好。10℃以下基本停止生长，茎叶发红，0℃以下容易受冻，超过 30℃则茎叶发黄，持续高温易枯死。

豆瓣菜性喜水湿，生长盛期要求保持5～7厘米深的浅水，水层过深，植株易徒长，不定根多，茎叶变黄，水层过浅，新茎易老化，影响产量和品质，生长期适宜的空气相对湿度为75％～85％，不耐干燥。

豆瓣菜喜欢光照，生长期要求阳光充足，以利进行光合作用，提高产量和品质。如果生长期光照不足，或者栽植过密，茎叶生长纤弱，降低产量和品质。

豆瓣菜在各种土壤中均可种植，以黏壤土和壤土最适宜，砂土不宜，要求耕作层10～12厘米以上，pH最适为6.5～7.5，不宜连作。

### 225. 豆瓣菜有哪些品种？

中国栽培的豆瓣菜目前主要有以下品种：

‘广州豆瓣菜’ 广州市郊区地方品种。植株匍匐并斜向上丛生，高30～40厘米，茎粗0.6～0.7厘米，奇数羽状复叶，小叶长2～2.5厘米。宽2.1～2.2厘米，深绿色，遇霜冻或虫害时易变紫红色，各茎节均能抽生须根，分枝多，环境条件适宜时生长较快，定植后20～30天即可开始采收，每季可多次采收，产量较高，每亩产鲜菜4 000～5 000千克，适应性较广，一般不开花结实，以母茎进行无性繁殖。

‘百色豆瓣菜’ 广西百色市地方品种。植株匍匐并斜向上丛生，高44～55厘米，茎粗0.4～0.5厘米，奇数羽状复叶，小叶近圆形，长宽均约2厘米，深绿色，遇霜冻或干旱时变紫红色，生长快，每亩产鲜菜6 000～7 000千克，一般在春季开花结实，以种子进行有性繁殖。

‘英国豆瓣菜’ 从英国引进。植株匍匐斜向上生长，株高40～50厘米，茎粗0.79厘米，小叶1～3对，顶端小叶圆形或近圆形，长3.2厘米，宽3.4厘米，绿色，耐寒性较强，在低温和冬季不变色。辛香味略淡。春季开花结籽，产量高。

'江西豆瓣菜' 　　主要分布在江西省，植株匍匐斜向上丛生。株高 40 厘米左右，茎粗 0.75 厘米。顶端小叶卵形，长 3.0 厘米，宽 1.6 厘米，叶片绿色，叶脉红色，冬季和低温条件下不变色，春季开花结籽，抗逆性强。

'云南豆瓣菜' 　　主要分布在云南省，植株匍匐斜向上丛生。株高 50 厘米，茎粗 0.54 厘米。顶端小叶圆形或近圆形，长 2.7 厘米，宽 2.9 厘米，叶片绿色，叶脉红色，耐寒，冬季低温不变色。分枝多，产量高，春季开花结籽较早。

知识点

　　豆瓣菜有两个种，一为二倍体，栽培比较多；二为异源四倍体，栽培比较少。欧美栽培的为二倍体，可育，多用种子繁殖，耐寒冻，普遍种植。还有褐色豆瓣菜，为三倍体，不育，不耐寒冻，很少种植。我国栽培可食的品种分为开花的和不开花的，两者形态特征特性无明显的差异，能结子的也因产种量少，亦采用无性繁殖。

## 226. 怎样进行豆瓣菜的栽培和管理？

　　（1）田块选择　　选择地势较低、排灌方便、土壤肥沃、含有机质在 1.5% 以上的水田。

　　（2）秧田准备　　选用排灌两便、土质疏松肥沃的田块，扦插或播种前结合翻耕每亩施腐熟厩肥 2 000 千克。畦宽 1.2 米，畦沟宽 35 厘米，并保持畦面充分湿润。

　　（3）培育壮苗　　无性繁殖的，在 9 月上旬到 10 月下旬、气温 25℃ 左右时开始，从越夏种蔓上采集长度为 12～15 厘米的种株，移栽于预先耕耙、整平的秧苗田中进行繁殖。一般栽插行距 15 厘米，穴距 10 厘米，每穴 2～3 株，保持田间湿润或一薄层浅水。定植后 7～10 天每亩追施尿素 15～20 千克，待秧苗高达 15～20 厘米时，起苗定植大田。亦可截取插条扦插，一亩繁殖田可栽植大田 3～4 亩。采用有性繁殖的，整地成畦后在 9 月上旬至 9 月下旬分期播种。由于种子小，播种时须混拌 1～2 倍细沙撒播，一般每 60 平方米苗床播 100 克种子，可供 1.5～2 亩大田用苗。播种后撒盖混有砻糠灰的过筛细土一薄层，以防板结。每天喷水 2 次，保持土壤湿润。待苗高 4～5 厘米时，灌水保持畦面水深 1～2 厘米，其后随幼苗生长，水深逐渐加深到 3～5 厘米。出苗后 30 天左右、苗高达 12～15 厘米时，即可移栽大田。

（4）大田定植　长江流域 10 月下旬，气温 20℃左右时定植。栽植时选取健壮的秧苗，一般要求茎较粗，节间较短，绿叶完整的植株，应注意阳面朝上，将茎基两节连同根系斜插入泥。行距 15 厘米，穴距 10 厘米，3～4 株苗丛植一穴，每隔 20～30 行空出 30～40 厘米作为田间的操作沟，便于管理。定植后，浇定根水，保持土壤湿润或一薄层浅水。

（5）水分管理　栽后初期田间保持一薄层浅水，或潮湿状态。成活后，随着植株的生长，至生长盛期水层逐渐增至 3～4 厘米，但不宜超过 5 厘米，以防引起锈根。若天气晴暖，气温超过 25℃时，宜于下午灌凉水，保持较低水温，以免烫伤植株。冬春气温降至 15℃以下时，应保持 3 厘米左右深的水层，保温防寒，同时降雨前后注意排水。

### 227. 豆瓣菜如何进行病虫害防治？

（1）菌核病　发病初期，用 50％多菌灵可湿性粉剂 1 000 倍液，或 70％甲基托布津可湿性粉剂 1 000 倍液，或 50％异菌脲可湿性粉剂 1 000 倍液，隔 10 天左右喷雾 1 次，安全间隔期 10 天。

（2）蚜虫　首先应清洁田园，育苗期苗地用银灰色塑料薄膜条拉成网格，可以避蚜，也可用黄色板诱蚜。或用灌水漫虫法，即早、晚短时间灌入深水，漫过全田植株，淹杀害虫，但整个灌水和排水过程不能超过 2～3 小时。亦可用 5％啶虫脒乳油 2 000～3 000 倍液喷雾 1 次，安全间隔期 10 天；或 70％吡虫啉水分散粒剂 5 000 倍液喷雾 1 次，安全间隔期 7 天。

（3）小菜蛾　首先避免与十字花科蔬菜连作。铲除杂草，清洁田园，减少产卵场所，消灭越夏虫口，用黑光灯或性诱剂诱杀成虫。亦可用 2.5％溴氰菊酯乳油 2 000～3 000 倍液喷雾 1 次，安全间隔期 10 天；或 20％氯虫苯甲酰胺悬浮剂 3 000 倍液喷雾 1 次，或 5％抑太保乳油 2 000 倍液喷雾 1 次，安全间隔期 10 天。

（4）黄条跳甲　首先应保持田间清洁，控制越冬基数，压低越冬虫量，同时栽植时选用无虫苗，避免把虫源带入大田。药剂防治可选用 2.5％溴氰菊酯乳油 2 000～3 000 倍液喷雾 1 次，安全间隔期 10 天；或用 18.1％左旋氯氟氰菊酯乳油 2 000～3 000 倍液喷雾 1 次，安全间隔期 15 天。

## 228. 豆瓣菜如何进行采收？

在株高 25～30 厘米时开始采收，从定植到采收大约需 30～40 天。采收方法有两种，一种是逐渐采摘嫩梢，捆扎成束。另一种是隔畦成片齐泥收割，收一畦，留一畦，收后洗清污泥，除去残根黄叶，逐把理齐捆扎。同时，将残根老叶踏入泥中，浇一次肥水，将邻畦未收割的植株拔起，分苗重新栽植。全年可采收 4 次，每次每亩采收 800～1 000 千克，全年亩产量 3 000～4 000 千克。

豆瓣菜每采收一次，应及时追肥，每亩用 15 千克尿素，稀释成 0.5％液体浇施。长江流域为使豆瓣菜连续多次供应，应在 11 月中旬搭盖塑料小拱棚。晴天中午揭膜通风 2～3 小时，以利降温降湿。

小贴士：豆瓣菜茎叶柔嫩，不耐贮藏运输，只供就近上市鲜销。如欲短期贮放，可选阴凉的室内或棚内，先在地面上喷凉水润湿，然后将鲜菜逐把平摊放置，不可堆高，以保持较低温度和较高湿度，这样在冬季可贮存保鲜3～4天，在春季只可保存1～2天。

## 229. 怎样进行豆瓣菜的选留种？

不开花类型的品种只能选留老种株越夏繁殖。一般应选择生长健壮的田块作为留种田，在田中选留茎较粗壮、叶较宽长、符合所栽品种特征特性的植株作为种株。华南地区于4月中旬、长江流域于5月中旬，即当地气温达到20℃左右时，将选留的种株从水田移栽旱地。所选旱地要求通风凉爽、灌排方便，最好周围有树适度遮荫。移栽前先耕耙做畦，栽植时行距15～20厘米，株距13～15厘米，每栽10～15行空出35厘米作为田内操作走道。栽后每天浇水，直至成活。在后期管理中如株间生长拥挤，要及时疏去一部分植株或分枝，确保通风透光。土壤始终保持润湿，但无积水。遇夏季高温强光天气，最高气温达35℃以上时，在中午用遮阳网覆盖，并于每天早、中、晚各淋浇1次凉水降温。

开花结实类型的品种，可用种子繁殖。华南地区多于2月中旬，即当地气温达到10℃左右时，将所选符合所栽品种特征的种株移栽到旱地，所选旱地条件和准备工作同上述无性繁殖留种，但周围不宜有树木遮荫。一般于3月下旬孕蕾开花，4～5月结荚，5月下旬至6月上旬荚果成熟。留种地应于孕蕾期和结荚期各追肥1次，除施用稀薄氮肥外，要适当增加磷、钾肥，以促进种子饱满，并做好病虫害防治。荚果成熟后容易自然炸裂，故需分期采种，一般分为 3～4 次，每次间隔 4～5 天，即见种荚发黄，检视种子已变黄褐色时剪采，于早上露水未干时进行，以防种荚开裂、散失种子。收后不能置烈日下曝晒，只能放在早、晚不太强烈的阳光下晒 1～2 天，以防温度过高影响种子发芽率。晒干脱粒后的种子放置阴凉干燥处收藏。每亩留种地约可收种子 4.75～5.5 千克。

# 水 芋 篇

## 230. 水芋有哪些种类？主要分布在哪里？

芋为天南星科芋属多年生宿根草本植物，又名芋艿、芋头、毛芋等，起源于印度、马来西亚、中国南部等亚洲热带沼泽地区。经过长期的自然选择和人工培育，芋在保留了其喜湿特性的同时，形成了对水分需求量不同的 3 种生态类型，即旱芋、水芋和水旱兼生的中间型，其中水芋对水分需求最大。按食用部位不同，芋可分为叶用变种及球茎变种。球茎变种又可分为魁芋类、多子芋类、多头芋类。目前，水芋已在世界各国广泛种植，栽培面积以中国最大，主要分布于珠江流域及台湾省，其次是长江及淮河流域，福建省也有一定种植面积。

## 231. 水芋的植株有哪些特征？

水芋在植物学特征上与旱芋十分相似。水芋不耐干旱，由于长期栽培在水生或潮湿环境中，其根系较发达，但根毛少，吸收力较弱，再生能力也较差。茎分为短缩茎和球茎。球茎作为无性繁殖器官，萌发后其上端形成短缩茎，随着养分流出，球茎消失，叶片形成。及至秋季，短缩茎基部形成新的球茎。主球茎（即母芋）形成后，其节上的芽萌发形成小球茎（即子芋）。叶片互生，盾状，先端钝状渐尖，叶柄基部合抱成叶鞘，有绿、紫、红等不同颜色，常作为品种命名的依据之一。花为肉穗花序，两性花，生于花序最上部的为雄性，花被缺，雄蕊 6 枚，花丝线形，子房 1 室，有胚珠 6～9 颗，栽培种很少开花。果为一平压状、倒圆锥形的浆果。

水芋植株

## 232. 水芋的生长和发育需要什么样的环境条件？

（1）温度　种芋萌发的温度需要达到 15℃以上，生长期的温度要求达到 20℃以上，27～30℃发育良好，球茎膨大的适温在 25℃左右，昼夜温差大，利于营养物质积累。

（2）光照　水芋为短日照作物，短日照有利于球茎的形成；较耐阴，但在强光下，只要供水充足，也能生长良好。

（3）水分　水芋喜潮湿的环境，整个生长期要求有充足的水分，尤其在高温季节，田间必须保持一定水位，一般在 10 厘米左右。

（4）土壤　水芋耐肥，要求土壤肥沃、保水保肥力强的壤土或黏壤土，土层深厚、土质疏松，有机质含量达 1.5％以上。水芋对土壤酸碱度的适应范围较广，pH4.1～9.1 都可种植，以

pH5～7 的弱酸性土壤较好。对土壤营养要求氮、钾并重，磷肥适量配合，其氮、磷、钾的吸收比例约为 1.2∶0.8∶2.0。

## 233. 水芋有什么营养价值和保健功效？

水芋以地下球茎或嫩叶柄腌制（或晒干）供食用，具有品质好、产量高、耐贮藏、耐运输等优点，可调剂淡季蔬菜供应。有研究表明，水芋球茎每 100 克可食部分含蛋白质 2.2 克、碳水化物 17.5 克，脂肪 0.1 克，磷 51 毫克，钙 19 毫克、铁 0.6 毫克，还有多种维生素、矿物质等人体必需的营养功能成分。具有清热化痰、消肿止痛、润肠通便等药用价值。

## 234. 水芋的主要品种有哪些？

**'宁波光芋'** 浙江宁波市地方品种。中熟，3 月中旬播种育苗，4 月下旬定植，9 月采收，生育期 180 天左右，亩产 3 000～3 500 千克。株高 90 厘米，叶柄紫红色，株型紧凑，分蘖中等。母芋圆形，重 500～700 克，单株产子芋 15～20 个，平均单个子芋重 40 克左右，卵圆形，表皮光滑，少鳞毛。芋肉质粉滑，含淀粉少，子芋品质好。

**'宜昌白荷芋'** 湖北宜昌市地方品种。早熟，3 月下旬至 4 月上旬播种育苗，5 月上旬定植，9～10 月采收，生育期 140 天左右，亩产 3 000 千克左右。株高约 100 厘米，叶柄淡绿色，分蘖中等。母芋近圆形，重 300～500 克，单株产子芋 15～20 个，卵形，平均单个子芋重 60 克。质糯味甜，品质好，耐贮藏。

**'宜昌红荷芋'** 湖北宜昌市地方品种。中熟，当地在 4 月上旬播种育苗，5 月上、中旬定植，10～11 月采收，生育期 170 天左右，亩产 3 500～4 000 千克。株高约 120 厘米，叶柄紫红色，分蘖中等。母芋圆形，重 1 000～1 500 克，单株产子芋 15 个左右，卵圆形，平均单个子芋重 110 克。含淀粉较多，粗纤维也较多，母芋品质较差，子芋品质中等，不耐贮藏。

'长沙乌荷芋'　长沙市地方品种。中熟，3 月下旬至 4 月上旬播种育苗，4 月下旬至 5 月上旬定植，10～11 月采收，生育期 180 天左右，亩产 2 500～3 000 千克。株高约 100 厘米，叶柄紫黑色，分蘖性弱。母芋圆形，重 500～750 克，单株产子芋 15 个，近圆形，平均单个子芋重 66 克左右。芋肉质致密，品质较好，耐贮藏。

'南平金沙芋'　福建南平市地方品种。晚熟，耐热，耐病，3 月中下旬播种育苗，4 月下旬定植，10 月中下旬开始采收，生育期 200 天左右，亩产 3 000～4 000 千克。株高约 120 厘米，叶柄深绿色，叶鞘紫红色，分蘖性强。母芋圆柱形，重约 500 克，顶芽鲜红色，收获时嫩叶及叶柄基部有鲜红色汁液溢出。单株产子芋 5～8 个，近圆柱形，平均单个子芋重 200 克。孙芋细长，芋肉质洁白、致密，含淀粉量多，品质较好，较耐贮藏，供熟食和加工。

'无为水芋'　安徽无为县地方品种。中熟，4 月上旬播种育苗，5 月上旬定植，10～11 月采收，生育期 180 天左右，亩产 3 000 千克左右。株高 120 厘米，叶柄紫红色，分蘖性较强。母芋高圆形，重 400 克左右，单株产子芋 20～30 个，长卵形，平均单个子芋重 50 克左右。芋肉质细嫩、润滑，品质好。

'重庆绿秆芋'　重庆市地方品种。中熟，4 月上旬播种育苗，5 月上旬定植，9～10 月采收，生育期 170 天左右，亩产 2 500～3 000 千克。株型较矮，株高 60～70 厘米，叶柄肥厚，深绿色，分蘖中等。母芋圆形，重约 500 克，顶芽白色，单株产子芋 10 个左右，平均单个子芋重 100 克左右。芋肉白色，品质较好。

'青梗无娘芋'　福建龙岩市地方品种。晚熟，3 月中旬至 5 月上旬播种，10～11 月下旬采收上市，生育期 200～250 天，耐热不耐寒，抗病性强。株高 70 厘米左右，开展度 80 厘米。分蘖性强，叶鞘绿色。单株母芋重 300 克，子、孙芋多达 40 余个，单株重 1.5 千克。母芋质劣而硬，子、孙芋肉软而黏。

'**虎掌芋**'　福建古田县地方品种。中熟，当地 3 月下旬至 4 月下旬播种，9 月中旬至 10 月下旬采收，生育期 180 天，亩产 1 200 千克左右。株高 150 厘米，开展度 50 厘米，分蘖性和耐热性强。叶鞘绿色带白粉，叶柄长 130 厘米，宽 8 厘米，绿色。母芋与前期发生的子芋，外观看似有明显分离，实际上连接紧密，后期发生的子芋与孙芋连接更紧密，整个球茎看起来像一只虎掌，单球茎重可达 1.5 千克。肉质致密，品质好。

'**绩溪水芋**'　安徽绩溪县地方品种，栽培历史悠久。有白杆芋、红杆芋和黑杆芋 3 个品种。白杆芋叶柄浅绿色，芋芽白色，母芋、子芋均呈短圆锥形，亩产 4 500 千克左右；红杆芋叶柄乌绿色，芋芽淡红色，母芋、子芋均呈短圆锥形，亩产 3 500~4 000 千克左右；黑杆芋叶柄紫黑色，芋芽白色，母芋、子芋近圆形，亩产 3 500 千克左右。

'**乌杆枪**'　四川泸州市地方品种，栽培历史悠久。叶片绿色，蜡粉中等。叶柄黑紫色，叶背脉有紫色斑纹。子芋近圆形，外皮棕色，鳞片白色，球茎肉质细软粘滑，品质较好。亩产 2 000~2 500 千克左右。

'**武芋 2 号**'　武汉市蔬菜科学研究所选育。早熟，亩产 2 500~3 500 千克。株高 100~130 厘米，叶柄红紫色，叶片绿色，叶片长 55 厘米，宽 44 厘米。子孙芋卵圆形，整齐，棕毛少。单株子芋 12 个，单个重 72 克；单株孙芋 16 个，单个重 38 克。芋芽、芋肉白色，肉质粉，风味佳。

## 235. 怎样选择适合当地栽培的水芋品种？

水芋的品种选择一般要综合考虑市场需求和当地的栽培条件等因素。根据市场需要选择淀粉含量高或低的品种，淀粉含量高的品种可供熟食或加工，如南平金沙芋等；淀粉含量较低的品种可供炒食用，如宁波光芋等。另一方面，根据当地的栽培条件选择适宜品种。长江流域无霜期较短，多选用早熟品种；华南地区无霜期较长，可选用中、晚熟品种。地势低洼的田块，排水较难，须选用耐涝的品种，如宁波光芋等；排灌水方便的田块，则选用优质、高产的品种，如无为水芋等。种芋要求品种纯正，顶芽强健，无机械损伤，无病虫害。种芋大小以每千克 25 个球茎为宜。田间留种时，要选择单株产量较高的植株作种。

## 236. 怎样选择适合栽培水芋的田块？

种植水芋的田块要求前茬不是芋类作物，土地平整、土层深厚、保水保肥能力强、有机质丰富的壤土或黏壤土。排灌水方便，利于生长期的水位管理，要求水源清洁，无污染。

## 237. 水芋的栽培密度和栽插深度如何确定？

水芋多采用宽、窄行栽植，一般行距 70～80 厘米，株距 30～40 厘米，每亩栽植 2 500～2 900 株。为方便田间管理，每 5 行留 1 米宽的工作行。栽插深度以种芋全部插入泥土中、芋柄露出水面为度。栽后保持 3～4 厘米浅水。

## 238. 水芋如何施基肥和追肥？

（1）基肥 水芋生长量大，耐肥，应施足基肥。基肥以有机肥为主、化肥为辅。第一次耕耙后施入基肥，每亩施腐熟厩肥 3 000～4 000 千克、尿素 40 千克、硫酸钾 30 千克，也可折合腐熟饼肥代替。再次耕耙深 20 厘米左右，混匀肥料后保持一薄层浅水备栽。

（2）追肥 水芋的需肥量大，在施足基肥的基础上，仍须分次追肥。追肥以氮、钾肥为主，磷肥为辅。一般在水芋的生长前期，直播芋田齐苗以后或育苗移栽芋田幼苗活棵以后，每 20 天左右施肥 1 次，每亩施尿素 5～8 千克或复合肥 10 千克，以促进幼苗生长。当母芋和子芋开始膨大后，减少施肥次数，但加大施肥量，追肥 2～3 次，增施钾肥，促进淀粉的积累，追肥后培土。随后不宜再施追肥，以免植株贪青徒长，延迟成熟。

### 239. 水芋生长过程中如何进行水分管理？

水芋需水量较大，在整个生长期都要保持水层。生长前期田间保持 2～5 厘米浅水层，以促进发根。4～5 片新叶后，水位可适当加深到 5～8 厘米，不宜过深，以保持通气良好。7～8 月盛夏季节，气温高，水芋的生长发育减缓，为了降低土温，水位可加深到 13～17 厘米，不宜过深，并于早、晚灌入凉水和适期换水。秋天气温下降以后，水位应逐渐落浅。采收前 20 天左右排干田水，保持土壤润湿。

### 240. 水芋在生长期为什么要培土、除侧芽？怎样进行操作？

水芋生长过程中，母芋上所生子芋的顶芽提前萌发，形成的分蘖苗，一方面消耗养分，影响子芋生长膨大；另一方面导致田间通风透光效果下降，不利于病虫害防治和产量提升。通过培土和除侧芽，可抑制子芋抽芽生长或分蘖苗的进一步发育，集中养分，促进子芋膨大，增加大芋率，提高产量。

培土可结合除草、追肥进行，及早摘除多余的侧芽，已长成的分蘖苗要及时摘叶，压土掩埋。在整个生长期培土 3～4 次，培土厚 15～20 厘米，使子芋不露出地面。培土时可将水放浅，待完成后再恢复水层，便于田间操作。此外，在生育中、后期须摘除植株外围发黄的老叶，保存绿叶，以改善田间通风透光条件。

### 241. 怎样进行水芋的采收和选留种？

（1）采收　采收期因种植时间、品种和市场需求情况而异。

早熟品种，在华南地区 7～8 月即可采收，在长江流域 9 月下旬采收，在北方地区一般降霜前后采收。地上部叶片大部分枯黄时，球茎完全成熟，淀粉含量增至最高，产量也最高。采收前 1 周割除地上部叶片，待伤口自然愈合后，选晴天掘取，抖落泥土，除去叶柄、根须，并将母芋与子芋分开。

（2）选种留种　选择具有品种优良性状的母株，要求子芋多、个体较大、均匀，在球茎完全成熟时采收。选取顶芽充实、球茎粗壮饱满、形状完整的母芋中部的子芋作种，单芋以重约 50 克较好。采收后，摊晒半天，表面水分晾干后贮藏，来年播种用。

## 242. 水芋如何进行早熟栽培？

水芋的生长期较长，应适当早播，延长生长期。水芋早熟栽培应进行播种育苗，一般采用小拱棚薄膜覆盖育苗。选择避风向阳，气候温暖的旱田作为秧田。施足腐熟有机肥，整地后作东西向畦，畦宽 1 米，选冷尾暖头的晴天播种。2 月初可进行播种，播种时按行、株距 8～10 厘米插播种芋，深度以种芋不露出地面为宜。上面可平铺一层地膜，再盖小拱棚。当第一片叶出土后，要防止碰到地膜灼伤，见叶就要在地膜上破洞，露出叶子。育苗期间保持小棚内白天 20～30℃，最低 15℃；夜间 10～20℃，当温度低于 10℃时加盖草帘保温；棚温超过 28℃则揭开东、西两头薄膜通风；夜间气温达到 15℃以上时则不盖草帘。

## 243. 水芋有哪些主要病害？如何防治？

（1）芋软腐病　属细菌性病害。由土壤或水肥带菌传染，多在高温季节发病，引起球茎发软和腐烂，以至全株枯死，造成严重减产。主要为害叶柄基部或地下球茎至叶柄基部染病，初生水浸状、暗绿色、无明显边缘的病斑，扩展后叶柄内部组织变褐腐烂或叶片变黄而折倒；球茎染病逐渐腐烂。该病剧发时病部迅速软化、腐败，终至全株枯萎以至倒伏，病部散发出恶臭味。防治方法是选用耐病品种；实行轮作；加强田间管理，尤其要施用充分腐熟的有机肥；发现病株开始腐烂或发酵时，及时排水晒田，然后用46.1％氢氧化铜1 500倍液，或33.5％喹啉酮1 000倍液，或20％叶枯唑1 000倍液防治，重点喷施叶柄基部或根茎部，隔10天左右1次，连续防治2～3次。

芋软腐病病株

　（2）芋疫病　属真菌性病害。由鞭毛菌亚门真菌芋疫霉属病菌侵染引起，带病种芋球茎和遗落田间的零星病株，是病害的初次侵染来源。病害的发生和蔓延取决于当地的降雨量和降雨日数，并由风雨传播进行重复侵染。本病主要为害叶片和球茎。叶片上初生的病斑为黄褐色斑点，后扩大融合成圆形或规则形的大斑，病斑有明显的同心轮纹，湿度大时，斑面可见一薄层白色霉状物，这是病菌的孢子梗和孢子囊。坏死组织分泌有黄色至淡褐色液滴，后期病斑多从中央腐败成裂孔，严重受害的叶片仅残留叶脉呈破伞状，地下球茎受害，可致部分组织变褐腐烂，严重时引起叶片枯死和球茎腐烂。防治方法是选用高产抗病品种，选留无病种芋；实行轮作，及时摘除病叶，铲除病残物，并深埋或烧毁，减少菌源；不偏施氮肥，增施磷、钾肥和农家肥。药剂防治是在发病前用70％的代森锰锌或70％的丙森锌可湿性粉剂，加水600～700

倍喷雾预防；发病初期用 66.8％丙森·缬霉威 800 倍液，或 68.75％氟菌·霜霉威 800 倍液，或 46.1％氢氧化铜 1 500 倍液，或 33.5％喹啉酮 1 000 倍液喷雾防治。不同农药交替使用，7～10 天一次，连续喷施 2～3 次。

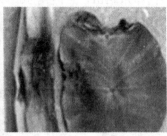

芋疫病初期病叶

## 244. 水芋有哪些主要虫害？如何防治？

（1）斜纹夜蛾　属鳞翅目夜蛾科，是世界性害虫，危害多种蔬菜作物。幼虫形体较大，体表有花纹，颜色不一。初孵时群聚咬食叶肉，2 龄后分散危害，4 龄后进入暴食期，严重时能将全田植株啃成光秆。一般在春夏开始发生，夏秋高温季节常易暴发，造成严重减产，甚至绝收。防治方法是清除田边和田

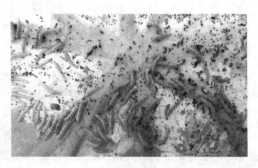

斜纹夜蛾

中杂草；在幼虫卵孵化高峰期和 2 龄期前，用 20％氯虫苯甲酰胺 3 000 倍或 10％氟虫双酰胺·阿维菌素 1 500 倍液喷雾防治。物理防治以性诱剂为主，诱芯每月换 1 次。

（2）朱砂叶螨　属蜘蛛纲蜱螨目食植螨科，又名红蜘蛛，是世界性害虫，危害多种蔬菜作物。形体似蜘蛛而极小，只有在放大镜下清晰可见。以雌成虫在草根、树皮和土缝中越冬，次春先在杂草上危害，后迁至蔬菜作物上，年可发生 10 余代，高温干旱天气易大发生。在水芋上多喜群聚于叶背近中脉部分吮吸汁液，在叶正面出现灰白色微小密集的斑点，不久变为锈红色，呈火烧状。严重时叶片干枯、脱落，造成减产，降低产品品质。防治方法是清除芋田四周和田中杂草；发生初期用 24％螨危 3 000 倍液或 1.8％阿维菌素 1 500 倍液喷雾防治。

> 提示：水芋生产中应合理使用农药，才能实现产品安全。对主要虫害防治，应在适宜时期施药，根据虫害发生规律，在发生前期进行喷药；病害防治应在发病初期进行。严格控制安全间隔期、施药量和施药次数，注意农药的交替使用、合理混合使用，避免病虫产生抗药性。

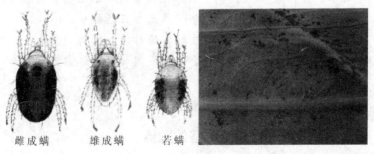

雌成螨　　雄成螨　　若螨

朱砂叶螨

### 245. 水芋为什么要轮作？有哪几种模式？

水芋的土传病害如芋软腐病对水芋影响严重，在土壤中存活时间较长，连作会使病原菌积累，发病逐年加剧；同时，连作还会使土壤养分比例失调，导致土壤土层板结、肥力下降、肥效降低，影响水芋植株对养分的吸收和产量的提高。因此，水芋可以采取"水芋—豆瓣菜"，"水芋—水芹"，"水芋—荸荠"等轮作模式，也可"水芋—水稻"轮作模式。一般 2～3 年轮作一次。

#### 连作的危害与轮作的优势

每种水生蔬菜如连年在同一水面或水田种植，常会一年不如一年，病虫害逐年加重，产量、品质逐年下降，主要原因是：（1）病虫害常会在原有水面或水田的残茬碎屑和土中越冬，次年如继续种植同类作物，病虫害将再行侵染，并逐年加重。而不同科属的作物，其病虫害常不相互传染。（2）同一种水生蔬菜每年从土壤中吸收相同的营养元素，致使部分营养元素日益缺少，不能满足生长发育的需要，而若改种其他作物，所需的营养元素相对不同，生长发育就会变好。因此，轮作常可减轻病虫害，提升产量和品质。

### 246. 怎样进行水芋球茎的贮藏？

水芋在充分成熟后采收，球茎较耐贮藏，贮藏的适宜温度在 8～15℃，相对湿度为 85％，贮藏宜湿不宜干，若过干球茎也易腐烂。挑选健康的球茎，摊晾至表面充分干燥后贮藏。

（1）室内框藏法　在室内北面砌高 60～70 厘米的方框，底部铺厚 10～15 厘米细土，上面堆放同等高度的球茎，再铺上细土，再堆放球茎，层层相叠，最后盖上 10～15 厘米细土，室内的温度保持在 8～15℃。当室温降到 5℃ 以下时，框上加盖草帘保温；室温升到 10℃ 以上时，除去草帘撒热。一般 11～12 月开始入贮，一直可贮到第二年的 3～4 月，直至球茎顶芽萌发。

（2）室外窖藏法　选地势高燥平坦、避风向阳的地点，挖深 1 米、宽 1～1.5 米、长 2～3 米的地窖。立冬前后入窖。入窖前，窖内先进行消毒。入窖时底部用干燥的麦秸或稻草垫好，随后将芋头放入窖内，堆高 30 厘米，堆顶呈弧形，在上面盖一层 10 厘米厚的麦秸或稻草，然后盖土约 50 厘米，拍打结实，呈馒头状。在窖的四周稍远的地方挖排水沟。通过控制覆盖土的厚度和含水量的方法来调节窖内温湿度。每窖可贮藏 1 500～2 000 千克。

## 247. 水芋有哪些加工产品？

水芋富含碳水化合物、蛋白质和多种维生素，可加工成多种产品，如淀粉、速冻芋仔、芋头脯、芋饼、芋干、芋泥，也可作为制作冰激凌、糕饼、香芋酥的优质原料。

# 蕹 菜 篇

## 248. 蕹菜有哪些种类？主要分布在哪里？

蕹菜为旋花科番薯属一年生或多年生草本植物，又称空心菜、竹叶菜。蕹菜原产中国热带地区，广泛分布东南亚，现我国华南、华中、华东和西南各地普遍栽培，是夏秋季的重要蔬菜。按照繁殖方式分为子蕹和藤蕹两类，按栽培方式可分为旱地栽培、水生栽培和浮生栽培（或称深水栽培）三种。

### 链接

蕹菜叫法众多，江苏称藤菜，湖北称竹叶菜，福建称蕹菜，湖南还称猪菜（用于喂猪），广东等地则称通菜。通常把栽培于水田、池沼的称为水蕹菜，而北方各省的新引进地区都称空心菜。

## 249. 蕹菜植株有哪些形态特征？

株型半直立或匍匐生长，全株光滑无毛。根系发达，须状，白色，主根和不定根均可长达 20～40 厘米。茎蔓性，可长达 5米以上，横切面圆形而中空，茎色有深绿、绿、浅绿、紫、水红和黄白等数种，因品种而异。分枝性强，茎节各叶腋易生侧枝，节上极易生不定根。叶互生，叶柄较长，叶片大小差异较大，有的品种叶长不足 10 厘米，宽小于 1 厘米，有的品种叶长和宽均在 20 厘米以上。叶色有淡绿、深绿和黄绿 3 种。叶全缘，羽状网脉明显。叶形随品种和植株年龄而异，主要形状有披针形、箭形、长卵形和近圆形等，叶基形状有楔形、圆形、戟形和心脏形等。叶尖形状有急尖、渐尖和钝状。

花为两性整齐的合瓣花，单生或集生于叶腋，后者在一花序柄上着生 2~4 个花梗，为腋生聚伞花序。花序柄或花梗呈淡绿色，顶端为花托，浅黄白或白色。花萼绿色，着生花托周围，由 5 片萼片组成。萼片披针形，先端呈细钩状，内面弯曲。花冠由 5 片花瓣合生而成，呈漏斗状。花色有白、粉红、浅紫和紫数种，也因品种而异。花中有雌蕊 1 枚，柱头长卵球形，由 2 个小球合成，表面凹凸不平，且密生短茸毛，呈白色或淡紫红色。花柱丝状、白色。子房上位，长卵形，白色，2~6 室，雄蕊群贴生在花冠基部，共 5 枚，不等长，均低于雌蕊。花后结蒴果，卵球形至球形，径约 1 厘米，含 2~4 粒种子，黑褐色，千粒重 32~37 克，种子密被短柔毛或有时无毛。

蕹菜植株

## 250. 蕹菜生长发育期如何划分？

蕹菜生育周期的长短有明显的地区差异，其实生苗的整个生育过程可分为 5 个发育时期：萌芽期、幼苗期、营养生长盛期、开花结实期、衰老期。

（1）萌芽期  从种子萌动开始到两片子叶完全展开时为止。种苗的营养方式为混合性营养，即早期为内源性营养，当种子出土，子叶变绿后逐渐转为外源性营养。

（2）幼苗期  从子叶开展到主茎开始分枝时为止。幼苗依靠子叶和真叶的光合作用和根系吸收的矿质营养制造同化养分，进行缓慢的营养生长。

（3）营养生长盛期  从主茎分枝到初现花蕾为止。本时期植株的营养生长日益旺盛，为产量形成的主要时期。

（4）开花结实期  从初现花蕾开始到终花为止。植株在本时期逐渐转向以生殖生长为主，进行开花和结实。

（5）衰老期  从终花到植株枯死为止。

无性繁殖的水蕹菜其萌芽期和幼苗期无明显界线，常合称为萌芽生长期；开花后常不结实，故称为生殖生长期；衰老期并不完全枯死，其成熟老茎上的腋芽休眠越冬。

## 251. 蕹菜有什么营养价值和保健功效？

蕹菜性味甘、平，无毒。营养丰富、均衡，据测定，蕹菜每 100 克可食部分中，含水 90 克，蛋白质 2.3 克，脂肪 0.3 克，碳水化合物 4.5 克，钙 0.1 克，37 毫克，铁 1.4 毫克和维生素 C 28 毫克，以及其他多种维生素等。蕹菜具有一定药用功能，一是解毒，主要能解毒菌类中毒；二是清热凉血；三是利尿。适用于食物中毒，吐血鼻衄，尿血，小儿胎毒，痈疮、疔肿、丹毒等。

知识点

　　蕹菜是碱性食物，并含有丰富的粗纤维，食后可降低肠道的酸度，促进肠蠕动，预防肠道内的菌群失调。

　　提示：在蕹菜的嫩梢中，钙含量比番茄高 12 倍多，并含有较多的胡萝卜素。

## 252. 蕹菜的生长发育需要什么样的环境条件？

　　蕹菜性喜温暖水湿，不耐寒。种子或种茎萌发的适温为 25～30℃，植株生长的适温为 25～35℃，较耐高温，当气温降至 15℃时，植株生育迟缓，组织亦易老化，失去食用价值。气温降至 10℃时，植株生育停止，顶芽和腋芽进入休眠状态。遇重霜全株枯死。蕹菜为短日照植物，在长日照环境下营养生长旺盛，枝叶繁茂，产量高；在短日照下易于开花结实。生长需较强的日照，遮荫或日照不足，生长差，产量低。既耐肥、又较耐瘠，适于微酸性（pH5.5～6.5）土壤。

## 253. 蕹菜的主要品种有哪些？

　　'广州大鸡黄'　又名黄叶白壳，广东广州市郊区农家品种，栽培历史悠久，广东省的广州、佛山、东莞等市均有栽培。该品种为子蕹类型，株高 42 厘米左右，开展度 32 厘米左右。茎粗大，横径 1.6 厘米左右，黄白色，节较密，节间长 5 厘米左右。叶片黄绿色，长卵形，长 15 厘米左右，宽 6 厘米左右，叶脉明显。叶柄黄白色，长 14 厘米左右。单株重约 20 克。播种至初收 60～70 天，生长势强，分枝力强，可延续采收 150 天左右。耐热，耐风雨。纤维少，品质好。播种期 2～3 月，发芽后水田育苗，早播时应用塑料薄膜覆盖防寒，苗龄 35 天左右，株高 10～15 厘米时移栽，株行距 15 厘米见方。耐肥，肥料宜勤施薄施。收获期 4～9 月，每隔 20 天采收一次。一般亩产量 6 000 千克左右。

'广州大鸡青' 又名绿豆青，广东广州市郊区农家品种，栽培历史悠久，主栽于广州市郊区。该品种为子薹类型，株高 42 厘米左右，开展度 26 厘米左右。茎粗大，浅绿色，横径 1.2 厘米左右，节较密，节间长 5 厘米左右。叶片深绿色，长卵形，长 15 厘米左右，宽 6.5 厘米左右，叶脉明显。叶柄浅绿色，长 14 厘米左右。播种至始收约 70 天，生长势强，分枝较多，可延续采收 150 天。抗逆性强，较耐寒，耐风雨。需肥少。质稍粗，品质中等。广州地区播种期 2～3 月，苗期约 40 天，选晴天定植于水田中，浅水栽培，株行距 16 厘米见方。一般每隔 20 天采收一次。一般亩产量 5 500 千克左右。

'广州大鸡白' 又名青叶白壳，广东广州市郊区农家品种，栽培历史悠久，广东省的广州市、佛山市、东莞市均有栽培。该品种为子薹类型，株高 40 厘米左右，开展度 35 厘米左右。茎粗大，横径 1.5 厘米，青白色，具槽纹，节间长 5.5 厘米左右。叶片深绿色，短披针形，上端尖长，基部盾形，长 15 厘米左右，宽 7 厘米左右，叶脉明显。叶柄青白色，长 15 厘米左右。单株重约 20 克。播种至始收约 60 天。生长势强，分枝较多。适应性强，可旱地栽培，也可水塘种植。纤维少，品质优。播种期 2～3 月，早播宜用塑料薄膜覆盖防寒。施足基肥，追肥要勤施薄施。收获期 4～9 月，每隔 20 天采收一次。一般亩产量 6 000 千克左右。

'成都早薹菜' 四川成都地方品种，栽培历史悠久，全省均有分布。该品种为子薹类型，植株匍匐生长，生长势及分枝性较强。茎蔓绿色，圆而中空，茎节较细，节间短。叶绿色，长卵圆形，先端钝尖，叶片较大，长 14 厘米，宽 4.5 厘米。花白色。种子黑色，种皮坚硬。性喜温暖、潮湿，较耐干旱，耐热力强，病虫害少。质地较粗糙，纤维较多，品质中等。以嫩茎叶供炒食或煮食。以种子繁殖，旱地栽培，撒播或育苗移栽，撒播多与落葵、苋菜混作，也可净作。3月下旬浸种催芽于温床中育苗，4月中下旬定植，行距66厘米，穴距33厘米，每穴2～3株。4月下旬到6月上旬采收。亩产2 000～3 000千克。

'**柳州白蕹**' 广西柳州市地方品种，栽培历史悠久，羊角山、黄村等地有栽培。该品种为子蕹类型，株高50厘米，茎粗大，黄白色。茎粗1.5厘米。节间长5～7厘米。叶片心脏形，上端尖，长15厘米，宽8厘米，黄绿色，叶脉明显。耐肥、耐湿、耐高温，适应性强，食用部分以茎为主，组织嫩脆，煮食或炒食均适宜，品质优良，产量高。3月中下旬播种育苗。旱地或浅水田栽培。主茎长30厘米左右即可移植或扦插。株行距30厘米见方。栽植后15～20天可采收。收获期5～8月。亩产5 500千克左右。

'**吉安大叶蕹**' 江西吉安市农家品种，栽培历史悠久，全省各地普遍栽培，湖南、湖北、福建、上海等省市有引种栽培。该品种为子蕹类型，株高42～50厘米，茎绿色，粗1～1.5厘米，横切面近圆形，节间长4～5厘米。叶片深绿色，心脏形，长13厘米左右，宽12厘米左右，全缘，叶面平滑。叶柄长12厘米左右。花白色。单株重35～45克。分枝性强。抗逆性强，耐高温高湿，抗病力强。纤维少，味浓，品质好。以旱地栽培为主，3月中下旬至8月上旬均可播种，5～10月均可收获。一般亩产量3 000～4 000千克。

'**湘潭尖叶蕹**' 湖南地方品种，原产于湘潭、长沙市郊，现已分布全省各地。该品种为子蕹类型，株高25～30厘米。采收期茎矮生，中后期为蔓生，浅绿色。叶簇半直立。叶为戟形，全缘，绿色，叶面光滑。叶柄浅绿色。开白花。单株重

10～15 克。分枝性强，耐热、耐涝，不耐寒，抗病性强。味道好，品质中上。3 月下旬～4 月上旬播种，多与辣椒间作，撒播，亦可移栽或水培。5～6 月开始上市。亩单产 3 000～3 500 千克。

'博白小叶尖'　广西地方品种，博白县及玉林地区均有种植。该品种为藤蕹类型，株高 40 厘米左右，茎青绿色，粗 2 厘米左右，节间长 6～10 厘米，横切面近圆形。叶片细长披针形，绿色，长 15 厘米左右，宽 1.5 厘米左右，全缘。叶柄长 7 厘米左右。花白色。单株重 15 克左右。扦插后 15～20 天即可采收。耐热、耐湿、耐肥。不耐旱，不耐寒。分枝性强。纤维少，风味浓，品质好。宿根越冬作种，3 月下旬～4 月上旬扦插，行距 20 厘米，株距 13 厘米。4 月底可始收，每隔 10～15 天采收一次，采收后追肥，灌水深度随温度升高而加深，生长后期茎节上升，要将带根的茎部轻轻压入泥中，以便生更多的不定根吸收养分。6～7 月植株衰老，应进行翻地重新种植，9～10 月采收完毕。一般亩产量 5 500 千克左右。

'成都水藤'　四川成都地方品种，栽培历史悠久，全省均有分布。该品种为藤蕹类型，植株匍匐生长，生长势、分枝性均强。茎蔓浅绿色，圆而中空，节间长约 2 厘米、叶互生，叶片深绿色，叶背浅绿色，长心脏形，长约 6 厘米，宽约 3 厘米，叶面光滑。叶柄长约 4 厘米，浅绿色，一般不开花。性喜潮湿温暖，耐湿耐肥，不耐旱和寒冷，主要在水田中栽培。质地嫩脆，味清香，水分多，品质好。以嫩梢供炒食或煮食。扦插繁殖。2 月中、下旬将上年窖藏种藤取出置温床中催芽，待幼苗具 3～4 片真叶时摘下插于水田中繁殖，4～7 月采摘繁殖的插条植于大田。行距 66 厘米，株距 33 厘米。6 月即可开始采收，每采收 1～2 次追肥一次，可陆续收到 10 月下旬，产量很高，亩产 4 000～5 000 千克。

知识点

　　蕹菜依其结子与否分为子蕹与藤蕹。子蕹用种子繁殖，耐旱力较藤蕹强，一般栽于旱地，早春播种，春季以整株上市供应，夏秋开花结籽，有白花子蕹和紫花子蕹。藤蕹用茎蔓繁殖，一般利用水田或沼泽栽培。叶片较小，但植株更大，茎更粗，一般不开花结籽。质地柔嫩，品质较子蕹佳，生长期更长，产量更高。目前温室栽培多为子蕹旱植。

## 254. 蕹菜如何栽培？

　　(1) 旱地栽培　可以直播大田或育苗定植。长江中下游流域地区，保护地播种时间宜为 3 月中旬至 4 月上旬，直播可于 4 月上旬至 8 月底陆续进行。育苗的可于 4 月下旬开始定植。在定植前 5～7 天清除前茬，耕翻耙平。耕深 20～25 厘米。宜采用深沟高畦，畦面宽 1.2～1.5 米，畦沟宽 40 厘米，深 15～20 厘米。每亩宜施腐熟厩肥 3 000 千克、磷酸二铵 60 千克及微生物肥料 180 千克。基肥宜在整地作畦时施入。

　　(2) 水田栽培　华南地区 4 月下旬至 7 月中旬、长江流域 5～8 月中旬均可定植。选地势平坦、灌排两便、土壤肥沃、保水力较强的田块，放水后即整田和施基肥，施肥量同旱地栽培。定植行距 25 厘米、穴距 25 厘米，每穴种秧苗 2 株。插条要求有 1～2 个节入泥，实生苗要求根系入泥。定植后宜保持水深 3～5 厘米，大部分茎叶露出，以便于成活。每次采收后用 10% 腐熟厩肥浸出液浇施一遍。封行前，要及时拔除杂草。整个栽培过程中，田间宜保持水深 3～5 厘米。

专家告诉您：蕹菜漂浮栽培是近年来广泛推广的一项无土栽培技术，用竹杆、尼龙绳或泡沫板等制作人工浮岛，将蕹菜秧苗定植于浮岛上。蕹菜的根系扎入水中吸收氮、磷等营养物质，满足生长需要。这些蕹菜浮岛放置在湖泊、水库、鱼塘和各种养殖湿地，用于改善水体的富营养化状况，为经济水产提供栖息场所，同时还可以收获优质的蕹菜产品，是一项较实用的生态农业生产模式。

蕹菜漂浮栽培

## 255. 蕹菜如何采收？

适时采收是提高产量和质量的关键措施之一。一般在定植后 20～30 天，当茎蔓长达 35 厘米以上时就可开始采收，以后每隔 10～20 天再采收 1 次，采收时以在高出水面 3 厘米左右处收割为宜，若茎蔓过密或生长衰弱，可疏去部分过密和过弱的枝条。具体采收次数和产量因品种与栽培条件不同而异。

蕹菜产品

### 256. 蕹菜如何留种?

藤蕹做种老葵可采用窖藏越冬或者保护地假植越冬留种。窖藏越冬应选择纤维化程度高、黄褐色、用手掐不断的无病老茎,消毒翻晒后入窖贮藏,温度控制在 10～15℃,保持湿润。而保护地假植要求土壤疏松、肥沃、透气、透水、有机质丰富。采用塑料大棚覆盖,增设电热丝加温等辅助条件,要求保护地具有保持最低温度不低于 12℃的保温能力。

子蕹一般采用旱栽留种,6 月上旬前停止采收或进行扦插定植,行距 50～60 厘米、株距 30 厘米,每穴 1～2 株。11 月中旬以后一次性采收种子,经后熟、脱粒后收贮。

提示:目前蕹菜的种子已经商品化生产,无需自己留种,可到正规蔬菜种子市场选择购买。

### 257. 蕹菜有哪些主要病虫害? 如何防治?

(1)白锈病 属专性寄生菌,只危害蕹菜。主要为害蕹菜的根、茎、叶、花、果诸器官，自苗期即可开始为害。叶片感病后，大多先在叶背出现形状不一的白色隆起状疱斑，受振动或被触破后，疱斑散发出白色粉末状物，即病菌的孢子囊和孢囊梗。该病的为害期主要在 5～7 月，病菌以卵孢子在病组织内随同植株病残体留在土中，或附着在种子上越冬，成为下一个生长季节病菌初侵染来源。防治措施上实行 2～3 年轮作，防病效果好。发病时用 10％苯醚甲环唑水分散粒剂 1 500 倍液或 43％戊唑醇悬浮剂 5 000 倍液喷雾防治，每隔 5～10 天喷 1 次，共喷 2～3 次，效果亦好。

蕹菜白锈病

（2）沤根　为生理性病害，病因主要是持续低温多湿，表现为烂种和幼苗受害。防治措施为适期播种，一般年份适期为 4 月中下旬，保护地在 3 月中下旬始播。

（3）猝倒病　为真菌性病害，也是蕹菜苗期的主要病害。症状为幼苗茎基部先呈现水渍状病斑，渐变为黄褐色，后缢缩呈细线状，迅速倒伏，地上部分仍保持绿色。防治措施上用 50％多菌灵可湿性粉剂，用量为每平方米 8～10 克，拌半干细土，于播种前后各撒一层，夹护种子。如已发病及时拔除病株，用 50％多菌灵可湿性粉剂 1 000 倍液喷雾防治。

（4）小地老虎　主要在 5～6 月份为害蕹菜幼苗。防治措施为一是冬季清园，减少虫源；二是灌水浸田，播种或定植前几天，放水浸泡 2 天，效果较好。

（5）斜纹夜蛾　为暴食性害虫，一年可发生多代，7～8 月为发生高峰期。幼虫可取食茎、叶、花及幼果，重者可将植株地上部大部食光。防治措施为人工摘取卵块和初孵幼虫群集取食的叶片，集中杀灭。成虫宜用杀虫灯和性诱剂诱杀。

# 参 考 文 献

陈加多，卢淑芳，张国洪，等 .2011. 磐安县实施高山茭白病虫害统防统治工作的实践与思考 [J]. 上海蔬菜 (4)：28.

陈建明，张钰锋，周杨，等 .2013. 我国茭白高效种养和轮作套种模式的研究与实践 [J]. 长江蔬菜 (18)：127-130.

陈勇兵，王晓梅 .2011. 现代水生蔬菜产业现状 [M]. 北京：中国农业大学出版社 .

关健，何建军，薛淑静 .2011. 水生蔬菜保鲜与加工技术 [M]. 武汉：湖北科学技术出版社 .

何圣米，吕文君，吴旭江 .2012. 中低海拨山区双季茭白栽培技术 [J]. 上海蔬菜 (1)：39-40.

胡美华，金昌林，王来亮，等 .2012. 山地单季茭白一年两收生产模式效益好 [J]. 中国蔬菜 (3)：42-44.

胡美华，金昌林，杨新琴，等 .2012. 浙江省水生蔬菜产业现状及发展对策 [J]. 浙江农业科学 (3)：269-272，275.

胡美华，王来亮，金昌林，等 .2011. 单季茭白种苗繁育新技术-薹管寄秧育苗法 [J]. 长江蔬菜 (23)：21-23.

柯卫东，刘满义，黄新芳 .2002. 水生蔬菜安全生产技术指南 [M]. 北京：中国农业出版社 .

李朝森，项小敏，章心惠，等 .2013. 衢州土培软化水芹优质丰产栽培技术 [J]. 长江蔬菜 (11)：34-35.

李挺 .2007. 茭白优质高效栽培技术 [M]. 北京：中国农业科学技术出版社 .

李挺 .2011. 双季茭白"三改两优化"栽培技术总结 [J]. 浙江农业科学 (1)：8-9.

林佩霞，王来亮．2012．不同设施栽培方式对不同茭白品种采茭期及产量的影响［J］．现代农业科学（13）：84，86．

卢淑芳．2011．高山茭白设施化栽培安全增效技术总结［J］．上海蔬菜（3）：12-13．

沈学根，汪炳良，高根法，等．2004．放养浮萍对双季茭白生长和产量的影响［J］．浙江农业学报（4）：206-209．

寿森炎，郑寨生．2004．浙江效益农业百科全书·莲藕［M］．北京：中国农业科学技术出版社．

夏声广．2012．图说水生蔬菜病虫害防治关键技术［M］．北京：中国农业出版社．

项小敏，章心惠，李朝森，等．2013．旱作水芹-莲藕水旱高效轮作模式［J］．长江蔬菜（18）：158-159．

姚岳良，周杨，叶德坚．2010．低海拔山区单季茭白改收二茬调控技术［J］．中国园艺文摘（1）：127，52．

张雷，郑寨生，张尚法，等．2013．菱角带果移栽长季节栽培技术［J］．上海蔬菜（1）：28．

张尚法，叶自新．2013．水生蔬菜栽培新技术．［M］．杭州：杭州出版社．

张尚法，郑寨生，陈淑玲，等．2013．双季茭浙茭3号的选育及栽培要点［J］．长江蔬菜．（18）：83-85．

张尚法，郑寨生，张雷，等．2008．茭白金茭2号的特征特性及栽培技术［J］．浙江农业科学．（2）：141，143．

张尚法，郑寨生，张雷，等．2012．不同肥料处理对莲藕僵藕病发病情况的影响［J］．长江蔬菜（16）：102-104．

张尚法，郑寨生，郑湖生，等．2009．籽莲新品种金芙蓉1号的选育［J］．长江蔬菜．（16）：28-29．

赵有为．1999．中国水生蔬菜［M］．北京：中国农业出版社．

郑寨生，张雷，张尚法，等．2013．子莲-马铃薯轮作栽培技术［J］．长江蔬菜．（18）：170-171．

郑寨生，张尚法，王凌云，等．2011．东河早藕土壤养分限制因子试验［J］．长江蔬菜（16）：90-92．

郑寨生，张尚法，王凌云，等．2013．浙江省水生蔬菜栽培技术和模式的创新［J］．江西农业学报（4）：63-65．

郑寨生，张尚法，吴樟义，等．2013. 莲藕新品种东河早藕栽培技术及其经济效益探析［J］．园艺与种苗（4）：30-32.

郑寨生，张尚法，张德明，等．2008. 单季茭白新品种'金茭1号'［J］．园艺学报（5）：778.

中国农业科学院蔬菜花卉研究所．2001. 中国蔬菜品种志［M］．北京：中国农业科技出版社．

朱徐燕，沈建国，庞英华．2013. 茭白配方专用肥肥效比较试验［J］．中国园艺文摘（5）：18-20.